探索太阳系

TANSUO
TAIYANGXI

>>>> 人类对奥妙无穷的宇宙的认识进程，首先是从地球开始的，然后由地球伸展到太阳系，进而延伸到银河系，再扩展到河外星系和总星系，最后再回到地球上。正是这些内容构成了宇宙，丰富了宇宙的内涵。

本书编写组◎编

畅销版
课外阅读系列

世界图书出版公司
广州·上海·西安·北京

图书在版编目（CIP）数据

探索太阳系／《探索太阳系》编写组编著 . —广州
: 广东世界图书出版公司, 2010 .4（2021.11 重印）
ISBN 978 - 7 - 5100 - 1574 - 8

Ⅰ. ①探… Ⅱ. ①探… Ⅲ. ①太阳系 - 青少年读物
Ⅳ. ①P18 - 49

中国版本图书馆 CIP 数据核字（2010）第 008236 号

书　　名	探索太阳系	
	TAN SUO TAI YANG XI	
编　　者	《探索太阳系》编写组	
责任编辑	左先文	
装帧设计	三棵树设计工作组	
责任技编	刘上锦　余坤泽	
出版发行	世界图书出版有限公司　世界图书出版广东有限公司	
地　　址	广州市海珠区新港西路大江冲 25 号	
邮　　编	510300	
电　　话	020-84451969　84453623	
网　　址	http://www.gdst.com.cn	
邮　　箱	wpc_gdst@163.com	
经　　销	新华书店	
印　　刷	三河市人民印务有限公司	
开　　本	787mm×1092mm　1/16	
印　　张	13	
字　　数	160 千字	
版　　次	2010 年 4 月第 1 版　2021 年 11 月第 8 次印刷	
国际书号	ISBN　978-7-5100-1574-8	
定　　价	38.80 元	

前 言

观测茫茫无际的宇宙苍穹，首先要了解我们地球所在的太阳系。太阳系是个以太阳为中心的极其庞大的天体系统，它由太阳及 8 颗大行星、50 余颗卫星、2000 多颗已被观测到的小行星以及无数的彗星、流星体等组成。这个庞大的天体系统就像一个井然有序的大家庭，所有的天体都以太阳为中心、沿着自己的轨道有条不紊地旋转着，并且旋转的方向基本相同，基本上在一个平面上旋转。在太阳系众多天体的运行中，太阳如同一根万能的绳子，拉着所有的天体围绕自己旋转运动，偶尔有个别星星脱离轨道，最终也会被太阳的引力控制住。

在太阳系中，太阳不仅是中心，而且在重量上绝对压倒其他天体。科学家进行过大致推算，就整个太阳系的重量而言，太阳占总重量的 99.8% ~ 99.9%；更重要的一点，太阳是太阳系中唯一能发光的星体，其他都是从太阳上借光或反光。太阳的中心温度高达 1500 万℃，表面温度达 6000℃，每秒钟辐射到太空（包括我们所在地球）的热量相当于 1 亿亿吨煤燃烧后产生的热量的总和。

太阳系的疆域极为辽阔。如果按照通常说法把冥王星作为太阳系边界的话，约为 60 亿千米的半径范围。形象地说，如果我们乘坐目前世界上最快的时速为 1500 千米的飞机，从冥王星飞到太阳，也要连续飞行 457 年的时间。

然而，庞大的太阳系又不庞大。在整个宇宙中，在我们所基本了解的银河系中，太阳系又是一个很小的部分。太阳系的天体围绕太阳旋转，整个太阳系又围绕着银河系的中心旋转。并且，太阳系在宇宙中不只一个，据近年美国科学家观察研究，至少还有一个以织女星为中心的类似太阳系的天体系统；科学家们还推测说，在现在科学仪器的视野之外，肯定还有着许多类似太阳系的"太阳系"在按自己的轨道运转着。

　　本书将带领读者走进一个奇幻多姿、变化万千的太阳系世界，了解和认识太阳系家族，探索太阳系的诞生与衍化，以及太阳系中各大行星独具特点的地质外貌与奇观。

目　录
Contents

探
索
太
阳
系

第一章　太阳系概况

太阳系的构成

太阳系是由太阳、8 颗大行星、66 颗卫星以及无数的小行星、彗星和陨星组成的。

行星由太阳起往外的顺序是：水星、金星、地球、火星、木星、土星、天王星和海王星。

离太阳较近的水星、金星、地球及火星称为类地行星。宇宙飞船对它们都进行了探测，还曾在火星与金星上着陆，获得了重要成果。它们的共同特征是密度大（ >3.0 克/厘米³），体积小，自转慢，卫星少，内部成分主要为硅酸盐，具有固体外壳。

离太阳较远的木星、土星、天王星、海王星及冥王星称为类木行星。宇宙飞船也都对它们进行了探测，但未曾着陆。它们都有很厚的大气圈，其表面特征很难了解，一般推断，它们都具有与类地行星相似的固体内核。在火星与木星

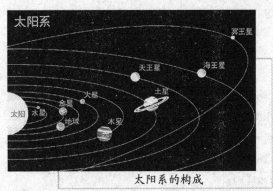

太阳系的构成

之间有 10 万个以上的小行星（即由岩石组成的不规则的小星体）。推测它们可能是由位置界于火星与木星之间的某一颗行星碎裂而成的，或者是一些未能聚积成为统一行星的石质碎块。陨星存在于行星之间，成分是石质或者铁质。

太阳系主要天体特征

	水星	金星	地球	火星	木星	土星	天王星	海王星	太阳	月球
距太阳平均距离（百万千米）	58	108	150	228	778	1427	2870	4497	–	–
公转周期（地球年）	0.24	0.62	1	1.88	11.86	29.5	84	164.9	–	365.3
自转周期（地球时或日）	59（日）	−243（日）	23.9（时）	24.6（时）	9.9（时）	10.4（时）	−10.8（时）	16（时）	27（时）	27.3（时）
赤道直径（千米）	4880	12104	12756	6787	142800	120000	51800	49500	1390000	3460
质量（地球=1）	0.055	0.815	1	0.108	317.8	95.2	14.4	17.2	332830	0.012
平均密度（水=1）	5.44	5.2	5.52	3.93	1.3	0.69	1.28	1.64	1.434	3.36
最高表面温度（℃）	315	315	60	24	−145	−168	−183	−195	5540	100
表面重力（地球=1）	0.37	9.88	1	0.38	2.64	1.15	1.15	1.12	27.9	0.17
已知卫星数	0	0	1	2	23	18	15	8	0	0

行星运动定律

德国天文学家开普勒是丹麦著名天文学家第谷的学生和继承人，他与意大利的伽利略是同时代的两位巨人。开普勒从理论的高度上对哥白尼学说作了科学论证，使它更加提高了一大步。他所发现的行星运动定律"改变了整个天文学"，为后来牛顿发现万有引力定律奠定了基础。开普勒也被后人赞誉为"天空的立法者"。

开普勒根据第谷毕生观测所留下的宝贵资料，孜孜不倦地对行星运动进行深入的研究，提出了行星运动三定律。

（1）行星运动第一定律（椭圆定律）：

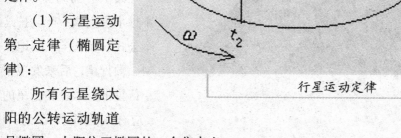

行星运动定律

所有行星绕太阳的公转运动轨道是椭圆，太阳位于椭圆的一个焦点上。

（2）行星运动第二定律（面积定律）：

联接行星和太阳的直线，在相等的时间内扫过的面积相等。

（3）行星运动第三定律（调和定律）：

行星绕太阳运动的公转周期（T）的平方与它们的轨道半长径（R）的立方成正比。即 $T_1^2/R_1^3 = T_2^2/R_2^3 = T_3^2/R_3^3 = \cdots\cdots = $ 常数。

提丢斯——波得定则

18 世纪，德国数学家提丢斯提出一个公式，能十分精确地表示出各行星之间相对距离的数字关系。这个公式，在 1772 年由柏林天文台台长波得公布于众，被称为提丢斯—波得法则。

提丢斯

这个法则认为，行星轨道大小若用天文单位来计算，可以由下列经验公式表达：

$$\alpha_n = 0.4 + 0.32n - 2$$

其中 n 为行星序号，不过水星应取 $-\infty$。按这个公式，在 $n=5$ 的地方缺一颗行星，后来发现了小行星带；木星和土星的 n 应分别为 6 和 7；在 $n=8$ 距离上发现了天王星；在约相当于 $n=9$ 的距离上发现了海王星。20 世纪 30 年代发现的冥王星距离按说应该是 $n=10$，但实际上仍接近于 $n=9$，很可能和它形成的情况有关。冥王星之外是否还有真正相当于 $n=10$ 的大行星，虽然一直引起人们的兴趣，但至今尚未有定论。

探索太阳系

太阳系的起源

太阳系形成至今至少有 46 亿年。这一点已被公认，然而，太阳系的成因尚属探讨中的问题。太阳系由何而来？至今已有 50 多种不同的学说或假设，但就其实质而言，大致可归结为两大阵垒——灾变说和星云说：①灾变说的实质是认为太阳系大体是在一次突然的巨大的剧变中产生的，太阳先于行星和卫星形成；②星云说则主张整个太阳系包括太阳都是由同一块星云物质凝聚而成的。从最近半个世纪的发展看来，星云说取得了很大的进展，占据了主导地位。

太阳系

太阳系的特点

为了说明太阳系的成因，必须认识太阳系的以下特点：

（1）行星运行轨道都接近圆形（近圆性），并几乎位于同一轨道平面上（共面性），只有水星和冥王星的轨道有较大倾斜。

（2）行星绕太阳运行的方向除金星外都是逆时针的。大多数卫星也按相同方向绕行星运行。

（3）太阳的质量占太阳系总质量的 99.8%，但太阳的角动量很小，不超过太阳系总角动量的2%，角动量的分配与各星体的质量很不协调（角动量分配异常）。

（4）类地行星与类木行星在体积、质量、密度、旋转速度、卫星数量方面具有系统性差别。

行星撞击坑

（5）其他星球上已知的元素，地球上都存在，即具有组成元素的一致性。

（6）撞击坑形成作用在石质行星及卫星表面具有普遍意义。

（7）大多数行星与太阳的相对距离符合提丢斯－波得定律。

上述特点是相关联的。因此太阳系起源的假说都是从解释太阳系的这些特点得出的。

太阳系的交通规则

太阳主宰着太阳系的运动。太阳的引力是随着距离太阳半径的增加而减小。也就是太阳的引力场，距太阳越近，引力越强；距太阳越远，引力越弱，直至消失。其范围达到了1光年。由于距离太阳越远，其引力越小，自由度越大。通常越远离太阳的行星自转速度相对要快一些。

同样，因太阳的旋转，其引力场在太阳的赤道面上最强，并随着其倾角的增大而逐渐减弱。

太阳系作为一个整体，所有行星都朝着相同的方向绕太阳转动。这一方

探索太阳系

向也是太阳绕轴自转的方向。而且，几乎都在一个旋转面上（冥王星的轨道对太阳旋转面倾角为17°，而其它行星轨道对太阳旋转面的倾角没有超过7度）。这说明今天的太阳仍然充满活力。随着太阳能量的逐渐丧失，其转速的逐渐减慢，行星绕太阳旋转的倾角也会逐渐增大。

德国天文学家开普勒，当用哥白尼的匀速圆轨道计算火星时，发现计算出火星的位置，与观测值偏差了8′。他经过大量的分析计算，发现火星的轨道不是正圆轨道，而是椭圆轨道。火星的运行也不是匀速运动。并且，总结了行星运动的三大定律。从开普勒第三定律之后，牛顿才确立了万有引力定律。这个定律告诉我们：所有的物体（质点）都相互吸引，吸引力的大小与两物体（质点）的质量乘积成正比，与它们之间距离的平方成反比。（即 $F = G_0 M_0 M_2 / R^2$）

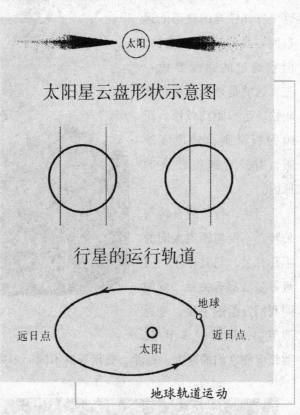

太阳星云盘形状示意图

行星的运行轨道

地球轨道运动

前面所说，太阳星云盘形成行星的过程，已经成为历史了。但是，这个星云盘还仍然存在。这就是说太阳的引力场，不仅随距离的增大而减小，而且，太阳旋转面的引力场，也随其倾角增大而逐渐减弱。就好像一条条隐形的轨道，作用于行星的运动中。

第一章 太阳系概况

探索太阳系

　　比如：当一个球在较窄的轨道上运行时，虽然这个球自转较慢，但它通过的路程却较长。而同样这个球在较宽的轨道上运行时，虽然其自转较快，但它通过的路程要短一些。这就是外侧行星自转较快，运行距离较慢。而内侧行星则自转速度较慢，而公转速度较快的原因。

　　当然，行星的自转与公转，不仅与距离太阳的半径有关，与其体积、质量等参数都有关系。就如同我们发射的卫星，是近地卫星，还是同步卫星，就相应使它们的速度、高度、质量等的不同而不同。

开普勒

太阳星云盘

　　太阳就是这样带动着太阳系在太空中遨游。太阳系各星体之间的引力叠加作用，及与外太阳系的引力作用，使得星体运动的轨道不可能标准。就如同围绕太阳旋转的木星，其引力作用于太阳。使得太阳在中心位置，摆动距离就有 80 万千米。科学家们就是根据这种摆动现象，来测算遥远恒星周围存在的行星质量状态。就好像一个链球选手，当他摇动链球时，虽然看不清链球本身，但通过对链球运动员的摆动状态，就能够计算出链球的质量及运动速度。这种引力的多重叠加以及星体之间的碰撞，都会对星体的运动状态产生影响。

所以，不管行星以何种状态存在，我们都不必奇怪。时间的磨合有了我们今天的太阳系，有了我们的今天。

太阳系形成的星云假说

太阳系的形成据说应该是依据星云假说，最早是在 1755 年由康德和 1796 年由拉普拉斯各自独立提出的。这个理论认为太阳系是 46 亿年前在一个巨大的分子云的塌缩中形成的。这个星云原本有数光年的大小，并且同时诞生了数颗恒星。研究古老的陨石追溯到的元素显示，只有超新星爆炸的心脏部分才能产生这些元素，所以包含太阳的星团必然在超新星残骸的附近。可能是来自超新星爆炸的震波使邻近太阳附近的星云密

星云

度增高，使得重力得以克服内部气体的膨胀压力造成塌缩，因而触发了太阳的诞生。

太阳系演化的原理

被认定为原太阳星云的地区就是日后将形成太阳系的地区，直径估计在7000～20000天文单位，而质量仅比太阳多一点。当星云开始塌缩时，角动量守恒定律使它的转速加快，内部原子相互碰撞的频率增加。其中心区域集中了大部分的质量，温度也比周围的圆盘更热。当重力、气体压力、磁场和自转作用在收缩的星云上时，它开始变得扁平成为旋转的原行星盘，而直径大约200天文单位，并且在中心有一个热且稠密的原恒星。

原恒星

对年轻的金牛星的研究，相信质量与预熔合阶段发展的太阳非常相似，显示在形成阶段经常都会有原行星物质的圆盘伴随着。这些圆盘可以延伸至数百天文单位，并且最热的部分可以达到数千K的高温。1亿年后，在塌缩的星云中心，压力和密度将大到足以使原始太阳的氢开始热融合，这会一直增加直到流体静力平衡，使热能足以抵抗重力的收缩能。这时太阳才成为一颗真正的恒星。

太阳系中的八大谜团

木星如何诞生？火星为什么炙热？月球为何离地球越来越远？

水星如何诞生

太阳系中的水星、金星、地球、火星，是以岩石为主要成分的"地球型行星"；木星、土星、天王星及海王星，是大量气体包围的"木星型行星"。

水星

最靠近太阳的行星是水星，它是如何诞生的呢？有两种说法：①由于水星最靠近太阳，科学家认为水星是在原始太阳系星云中的高温区域，由凝固的金属铁及其他富含物质的材料物质堆积而成。②水星是在巨大的原始行星互相碰撞的时候，由彼此的金属铁融合而成。

金星为什么灼热

金星

据人类目前所知，相对于火星来说，金星的自然环境要严酷得多。其表面温度高达 500%，大气中的二氧化碳占到 90%以上，时常降落狂暴的具有腐蚀性的酸雨，还经常刮比地球上 12 级台风还

第一章　太阳系概况

要猛烈的特大热风暴。金星的周围是浓厚的云层，以致于 20 余年（1960～1981 年）间从地球上发射的近 20 个探测器仍未能认清其真实面目。

3 个关于月球的未解之谜

形状不规则

"谜团在于月球太扁了，"美国麻省理工学院地球物理学与行星科学教授玛丽亚·T·朱伯在讨论关于月球的见解。

20 世纪六七十年代，太空探测器发现，处于月球与地球地心连线上的月球半径被拉长，也就是说，如果沿赤道把月球分成两半，截面不是正圆，而是像橄榄球一样的椭圆，"球尖"指向地球。但迄今无人能就月球当前形状的成因给出完全令人信服的解释。

质量不均匀

一般认为，45 亿年前，一个火星大小的天体撞击地球，产生的部分碎片形成月球，但这也仅限于推测。

月球

月球形状的另一个谜团是，月球面对地球一面在物质构成及外貌方面与背对地球一面差异很大：前者地壳比另一面地壳薄许多，并拥有由玄武岩构成的广阔平原，这些平原被称为月海，这是很久以前月球表面火山喷发的结果。背对地球的一面地壳厚很多，有更多陨石坑，几乎没有月海。

探索太阳系

一定程度上，月海中密度较高的玄武岩使月球的质量中心不在几何中心，偏离了约1.6千米。但是，迁移的发生过程尚不清楚。

月地渐远离

法国人拉普拉斯在18世纪末发现月球形状不规则难能可贵，然而，他没有看到的是，月球正在逐渐远离地球。月球每年远离地球约3.8厘米。

现在的月球自转和公转周期相同，所以它的一面总是朝向地球。科学家估计，和现在约38万千米的距离不同，早期的月地距离可能只有约2.6万千米。由于天体运行轨道半径与天体转速有关，按照这一假设，1:1的自转公转周期比可以解释当前月球形状不规则的现象。

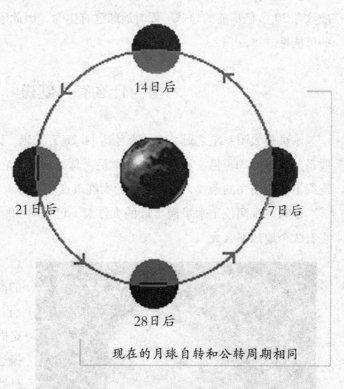

14日后

21日后

7日后

28日后

现在的月球自转和公转周期相同

还有一些科学家假设，月球形成初期的自转公转周期比为3:2，也就是公转2周期间自转3周，这种情况至多持续了几亿年，最后因为潮汐力而自转降速，自转公转比稳定为现在的1:1。计算结果表明，这段自转比公转快的时期可能提供足够的力，为月球形成目前的形状准备了条件。

真的有火星人吗

1996 年 8 月美国航空太空总署研究小组发表研究成果说火星曾有生命存在，证据是掉落在南极大陆的火星陨石。

研究小组在陨石中的碳酸盐部分检测出有机物，推断远古时代的火星，应该像 30 多亿年前的地球。那时地球已有生命，因此不能否定火星曾有生命的可能性。

木星为什么有大红斑

木星是太阳系星之冠，它的直径达 14.28 万千米，体积是地球的 1316 倍，质量是地球的 318 倍。从地球上看木星，总放射着金色的光芒。表面有许多连绵不断而明亮的条纹，以及奇妙的大红斑点。

地球人观测位于木星南半球的大红斑，已经有 300 多年了。大红斑差不多有 2 个地球那么大。

木星

大红斑是反时针旋转的高度压云形成的巨大漩涡。它之所以呈现红色，是因为云下层的磷化氢被搬运到上空，受到太阳紫外线照射而转化为磷的缘故。大红斑是如何形成的呢？目前科学家还不清楚。

为解开木星之谜，美国于 1989 年 10 月 18 日发射了"伽利略"木星探测器，开始了对木星的专门探索。

探索太阳系

"伽利略"木星探测器对科学界意义重大，因为科学家认为，了解木星有助于揭开行星系统的起源之谜，找到太阳系形成和演化的模型。

1994 年 7 月 22 日，"伽利略"到达距木星 1 亿多千米的地方，观测到了苏梅克－列维 9 号彗星的碎片与木星相撞的壮观景象，并发回了第一张相撞的图像。它还捕捉到最后一块彗星碎片撞击木星的情景。这在当时轰动了全球。

1998 年 10 月，"伽利略"发现木星的 2 颗卫星上存在海洋，因而很可能有生命。

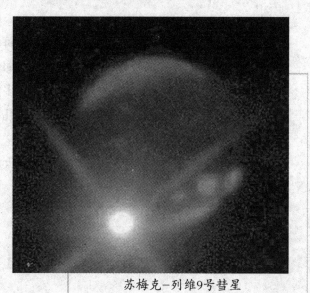

苏梅克－列维9号彗星

第一章　太阳系概况

卫星为什么有环

木星、土星、天王星、海王星全部有环，各不相同。土星的环又薄又暗，由岩石粒子构成。土星的环又大又亮，由水冰构成。环的成因，有几种不同的说法。其中一种是：过去存在的卫星或彗星被行星的潮汐力破坏，分裂成小碎片，有的碎片进入环绕行星公转的轨道，因而形成了环。

冥王星以外有什么

以前有人主张，冥王星以外可能有第十颗行星。

1992 年夏天，科学发现冥王星轨道外面有一颗直径 250 千米左右新天体接着 41 颗轨道长半径大于海王星的天体陆续现身。

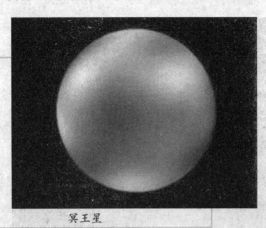

冥王星

此外，1950 年，天文学家欧特统计了当时已经观测到的周期彗星的轨道，结果发现绝大多数周期彗星都是从距离太阳几万天文单位的地方全方位飞来，可能有一个呈球壳状包住太阳系的彗星巢。整个彗星巢，叫做"欧特云"。

太阳系尽头在哪里

科学家说，太阳会喷出高能量带电粒子，称为"太阳风"。太阳风吹刮的范围一直达到冥王星轨道外面，形成一个巨大的磁气圈，叫做"日圈"。日圈外面有星际风在吹刮，但是太阳风会保护太阳系不受星际风侵袭、并在交界处形成震波面。

日圈的终极境界叫做"日圈顶层"，这就是太阳所支配的最远端，可以把这里视为太阳系的尽头。

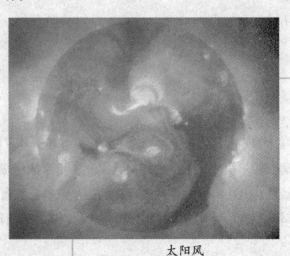

太阳风

至于日圈层顶距离太阳有多乐？它的形状如何？航海家 1 号和 2 号已分别飞到距离太阳 66 和 51 天文单位的地方，希望日后能够揭开太阳系最远的面貌。

探索第十大行星

当哥白尼提出日心说的时候，土星是太阳系的边界，后来，随着天王星、海王星和冥王星的发现，太阳系行星的边界一次次向外延伸。那么，冥王星之外是否还可能存在太阳系的第十颗大行星？为此，天文学家做了十分艰苦的搜寻和计算工作。

冥王星的发现者天文学家汤博，曾经花费了 14 年的时间，用发现冥王星的方法寻找冥外行星。但是仍然一无所获。1950 年，有人在计算一颗遥远彗星的轨道时，认为在冥王星之外应当存在一颗大行星，并计算了该行星与太阳的距离是 77 天文单位。然

宇宙探测器

而，天文学家用望远镜搜索了好几年，也没有找到这颗预想中的大行星的踪影。

另外，人们也曾怀疑在水星轨道以内存在绕太阳运行的所谓"水内行星"。但是，"水内行星"即使存在，也会由于离太阳太近而很难观测，迄今为止也没有任何发现。

太阳系家族中究竟有没有第十颗大行星，目前还是一个待解之谜。

第二章 太阳系内的小天体

小行星带

小行星带是位于火星和木星轨道之间的小行星的密集区域，估计此地带存在着 50 万颗小行星。关于形成的原因，比较普遍的观点是在太阳系形成初期，由于某种原因，在火星与木星之间的这个空挡地带未能积聚形成一颗大行星，结果留下了大批的小行星。

小行星带

在太阳系中，除了八颗大行星以外，还有成千上万颗我们肉眼看不到的小天体，它们像八大行星一样，沿着椭圆形的轨道不停地围绕太阳公转。与八大行星相比，它们好像是微不足道的碎石头。这些小天体就是太阳系中的小行星。

小行星，顾名思义，它们的体积都很小。最早发现的"谷神星"（Ceres 1）、"智神星"（Pallas 2）、"婚神星"（Juno 3）和"灶神星"（Vesta 4）是小行星中最大的四颗，被称为"四大金刚"。"四大金刚"中最大的谷神星直径约为 1000 千米，最小的婚神星直径为 200 多千米；如果能把它们从天上"请"到地球上来，中国的青海省刚好可以让谷神星安家。除去"四大金刚"外，其余的小行星就更小了，据估计，最小的小行星直径还不足 1 千米。虽然它们的体积比卫星还小得多，但是在太阳系这个家庭中，却要和九大行星论资排辈。

大多数小行星是一些形状很不规则、表面粗糙、结构较松的石块，表层有含水矿物。它们的质量很小，按照天文学家的估计，所有小行星加在一起的质量也只有地球质量的 4/10000。这些小行星和它们的大行星同伴一起，一面自转，一面自西向东地围绕太阳公转。尽管拥挤，却秩序井然，有时它们巨大的邻居——木星的引力会把一些小行星

谷神星

拉出原先的轨道，迫使它们走上一条新的漫游道路。在近年对小行星观测中，还发现一个有趣的现象，有些小行星竟然也有自己的卫星。

在 1991 年以前所获的小行星数据主要是通过基于地面的观测。1991 年 10 月，伽利略号探测器经过 951 号小行星（Gaspra 2017），从而获得了第一张高分辨率的小行星照片。1993 年 8 月，伽利略号又飞经了 243 号小行星（Ida 4005），使其成为第二颗被宇宙飞船访问过的小行星。1997 年 6 月 27 日，近地小行星探测器（NEAR）与 253 号小行星（Mathilde 4001）擦肩而过。这次机遇使得科学家们第一次能近距离观察这颗小行星。宇宙探测器经过小行星带时发现，小行星带其实非常空旷，小行星与小行星之间分隔得非常遥远。

在火星和木星轨道之间有数量庞大的岩石状小天体，它们被称为小行星带。已被观测到的小行星数目超过 7000 颗，其中已测定精确轨道并正式编号

第二章 太阳系内的小天体

的有 5000 多颗。

伽利略

小行星比太阳系八大行星中的任何一个都小，仅有为数很少的几颗大型小行星。约有 30 颗直径超过 200 千米。已知最大的一颗是谷神星，直径约 935 千米；第二大的是智神星，直径 535 千米。约 250 颗小行星的直径大于 100 千米。估计太阳系内有几百万颗巨砾规模的小行星。这些小型小行星或许是大型小行星相互碰撞时形成的，其中少数一些以陨石形式撞击到地球表面。最大的小行星的质量才大到足以使它们在形成之际在自身引力作用下塑造成球形。小行星的亮度缺少有规律变化的事实支持上述假设，因为只有对称形态的天体才能产生有规律的光变化。小行星的自转总是呈现出多种多样的反光表面面积。小行星的外形多种多样。

大行星与小行星碰撞

伽利略航天器在前往木星的途中经过小行星带，拍摄到小行星爱达有一颗属于自己的小卫星。爱达呈

长约56千米的土豆状，在距离约100千米处有一直径约1.5千米的岩石块，

这是已知的太阳系中最小的天然卫星。还有一些小行星也具有自己的卫星。有一些小行星的轨道几乎不断地和地球的轨道交叉。已确认的这类小行星有91颗。它们被称为阿波罗型小行星。天文学家们全力搜索这类小行星，部分原因是惟恐它们可能会和地球相撞。了解这类小行星的存在并计算出它们的轨道，就可能找出改变其轨道的方法，使之远离地球而去。地球和大型小行星的碰撞是罕见的，但与小型

伽利略航天器

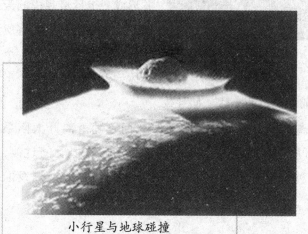

小行星与地球碰撞

小行星的碰撞则较为多见。

据估算，在100万年内，可能会有几个直径1000米的小行星与地球碰撞。如果一个这样大小的行星撞上地球，产生的爆炸威力相当于几颗氢弹，碰撞会形成直径13千米左右的陨石坑，还会

第二章 太阳系内的小天体

造成全球性气候的短期失调。撞击点若在海洋，也会产生灾难性后果。一些科学家确信，在白垩纪末期（距今6500万年前），一个直径约10千米的小行星或陨石撞击了尤卡坦半岛北部，致使恐龙以及其他多种动物绝灭。小行星也和陨石一样，由不同比例的石质物质和金属物质（主要是铁）组成。许多这类天体都含有大量的碳，所以颜色发黑，反照率低。它们又称为碳质球粒天体。可以认为这种天体是从诞生太阳系的原始星云中聚合而成的第一批物质。它们没有经受随后的任何变异（如内部的放射性致热所引起的熔融，或陨石撞击所引发的结构性变态）。

木星

木星是太阳系中最大的行星，它更像是一个恒星而不像是行星，在它的引力影响下，在木星和火星之间的区域内不可能形成任何行星。在太阳系形成过程中，木星的引力作用干扰了小行星带内的行星前物质，促使它们裂碎并破坏，而不是将之聚合并形成一个行星规模的天体。计算表明，假如将所有的小行星聚合成为一个天体，也只能形成一个类似于太阳系中较大的卫星那样大小的天体，如月球。

这些小行星与太阳距离不同、成分和密度互异，而且随着离开太阳系中心的距离增大，有从石质—金属物质向水质、碳质—石质物质的过渡，并有密度递减的趋势。这种情况表明小行星并非一个大行星裂碎或爆发的结果。

彗　星

　　彗星是一种绕太阳运行、接近太阳时会产生弥漫的气体包层并往往出现发光长尾的小天体。通常彗星以它们朦胧的外形和极端扁椭圆的轨道区别于太阳系其他天体。

　　当彗星距离太阳尚远时，用大型望远镜可以看见彗星唯一组成部分是彗核。彗核为一团外形不规则的物质，其成分大部分是冻结的水与类似煤烟的物质或许是微尘状的碳的混合物。航天器 1986 年拍摄的哈雷彗星的彗核显示了其核的颜色很黑，表面 90% 被一层尘粒"外壳"所覆盖。

彗星

　　彗核相当小，仅为 10 千米左右。随着彗核飞临太阳，它的尘埃表面越来越热，许多热量转移到外壳之内，下表层的冰开始升华。从而产生的气体飞离彗星，并带走一些约束松散的尘粒。当彗星和太阳的距离小于 4.5 亿千米时，升华现象开始。蒸发气体的化学成分主要是水（约占 80%）其余为一氧化碳、二氧化碳、甲烷、氨和二硫化碳。飞离彗核的第一代分子迅速分裂变为第二代分子、原子团和离子。它们吸收太阳辐射并散射日光。

　　当一个典型的彗核距离太阳小于 1.5 亿千米时，它被一个气、尘组成的球状包层（即彗发）所笼罩，其直径可达 10 万千米。彗发气体以约 600 米/秒的速度向外散发，同时将尘粒从彗核中拉出来。

一个彗星在临近太阳时，可能会演化出2条彗尾。高速质子和电子组成的太阳风在背离太阳的方向驱扫出彗星离子，形成一条笔直的等离子体彗尾。可能出现的第二条彗尾由1微米大小的尘粒组成。尘埃彗尾具有比等离子体彗尾更大的曲率，通常也较短。由于太阳辐射压强作用在微小尘粒上，所以尘埃彗尾也指向背离太阳的方向。

哈雷彗星

较大的尘粒从彗核中释放出来后，即进入和它们曾从属的彗星具有近乎相同轨道要素的轨道中。其中超过及落后于彗星的尘粒最终形成一条在彗星轨道附近的尘埃环带。这就是所谓的流星体群。当地球穿过这样的流星体群时，在地球高层大气中就会产生流星雨。彗星每次经过太阳附近时，都被太阳辐射蒸发出一些物质，形成彗尾，这些物质逐渐消失到行星际空间中去，于是彗星的质量越来越少。不仅如此，彗星还会由于太阳等天体施加的起潮力而逐渐瓦解，形成流星群，比拉彗星的分裂和瓦解就是一例。彗星的寿命有长有短，但平均大概只有几千个公转周期。

一般认为，彗星和太阳系具有同样的年龄，它们是大行星构造材料的残余剩物。它们经历了起吸积作用的太阳系外行星的引力摄动后进入极端扁椭的轨道。在环绕太阳系的

彗星的彗尾

一个称为奥尔特云的球状区域内，存在着数亿颗彗核。这种彗核当受到一个近距恒星的引力扰动时，就可从云中飞出，进入内太阳系。

据一些太阳系吸积模型推测，远久之前的一次彗星轰击地球，可能在大气和海洋的形成过程中起过重要作用。此外，彗星还可能为生命在地球上演化提供所需的有机分子。

彗星一般划分为短周期彗星（周期短于 200 年）和长周期彗星（周期长于 200 年）2 大类。哈雷彗星是肉眼能容易地见到的彗星之一，其平均周期为76 年，一个人一生中可见它回归一次。

彗星的起源是个未解之谜。有人提出，在太阳系外围有一个特大彗星区，那里约有 1000 亿颗彗星，叫奥尔特云，由于受到其他恒星引力的影响，一部分彗星进入太阳系内部，又由于木星的影响，一部分彗星逃出太阳系，另一些被"捕获"成为短周期彗星；也有人认为彗星是在木星或其他行星附近形成的；还有人认为彗星是在太阳系的边远地区形

彗星轨道

成的；甚至有人认为彗星是太阳系外的来客。

因为周期彗星一直在瓦解着，必然有某种产生新彗星以代替老彗星的方式。可能发生的一种方式是在离太阳 10^5 天文单位的半径上储藏有几十亿颗以各种可能方向绕太阳作轨道运动的彗星群。这个概念得到观测的支持，观测到非周期彗星以随机的方向沿着非常长的椭圆形轨道接近太阳。随着时间的推移，由于过路的恒星给予的轻微引力，可以扰乱遥远彗星的轨道，直至它的近日点的距离变成小于几个天文单位。当彗星随后进入太阳系时，太阳系内的各行星的万有引力的吸力能把这个非周期彗星转变成新的周期彗星（它

瓦解前将存在几千年）。另一方面，这些力可将它完全从彗星云里抛出。如果

这说法正确，过去几个世纪以来 1000 颗左右的彗星记录只不过是巨大彗星云中很少一部分样本，这种云迄今尚未直接观察到。与个别恒星相联系的这种彗星云可能遍及我们所处的银河系内。迄今还没有找到一种方法来探测可能与太阳结成一套的大量彗星，更不用说那些与其他恒星结成一套的彗星云了。

彗星与木星相撞

彗星云的总质量还不清楚，不只是彗星总数很难确定，即使单个彗星的质量也很不确定。

彗星的性质还不能确切知道，因为它藏在彗发内，不能直接观察到，但我们可由彗星的光谱猜测它的一些性质。通常，这些谱线表明存在有 OH、NH 和 NH_2 基团的气体，这很容易解释为最普通的元素 C、N 和 O 的稳定氢化合物，即 CH，NHO 和 H_2O 分解的结果，这些化合物冻结的冰可能是彗核

彗发
彗核
氢云

彗星结构

的主要成分。科学家相信各种冰和硅酸盐粒子以松散的结构散布在彗核中，有些象脏雪球那样，具有约为 0.1 克/厘米^3 的密度。当冰受热蒸发时它们遗留下松散的岩石物质，所含单个粒子其大小从 10^4 厘米到大约 10^5 厘米之间。当地球穿过彗星的轨道时，我们将观察到的这些粒子看作是流星。有理由相信彗星可能是聚集形成了太阳和行星的星云中物质的一部分。因此，人们很想设法获得一块彗星物质的样本来作分析以便对太阳系的起源知道得更多。这一计划理论上可以作到，如设法与周期彗星在空间做一次会合。目前这样的计划正在研究中。

流星与陨石

太阳系内除了太阳、八大行星及其卫星、小行星、彗星外，在行星际空间还存在着大量的尘埃微粒和微小的固体块，它们也绕着太阳运动。在接近地球时由于地球引力的作用会使其轨道发生改变，这样就有可能穿过地球大气层。或者，当地球穿越它们的轨道时也有可能进入地球大气层。由于这些微粒与地球相对运动速度很高（11～72 千米/秒），与大气分子发生剧烈摩擦而燃烧发光，在夜间天空中表现为一条光迹，这种现象就叫流星，一般发生在距地面高度为 80～120 千米的高空中。流星中特别明亮的又称为火流星。造成流星现象的微粒称为流星体，所以流星和流星体是两种不同的概念。

流星体的质量一般很小，比如产生 5 等亮度流星的流星体直径约 0.5 厘米，质量 0.06 毫克。肉

流星

眼可见的流星体直径在 0.1~1 厘米。它们与大气的相对速度与流星体进入地球的方向有关，如果与地球迎面相遇，速度可超过 70 千米/秒，如果是流星体赶上地球或地球赶上流星体而进入大气，相对速度为 10 余千米/秒。但即使 10 千米/秒的速度也已高出子弹出枪膛速度的 10 倍，足以与大气分子、原子碰撞、摩擦而燃烧发光，形成流星而为我们看到。大部分流星体在进入大气层后都气化殆尽，只有少数大而结构坚实的流星体才能因燃烧未尽而有剩余固体物质降落到地

流星划过天际

面，这就是陨星。特别小的流星体因与大气分子碰撞产生的热量迅速辐射掉，不足以使之气化产据观测资料估算，每年降落到地球上的流星体，包括汽化物质和微陨星，总质量约有 20 万吨之巨！这是否会使地球不断变"胖"呢？地球质量约为 6×10^{24} 吨。由于流星体下落使地球"体重"的增加在 50 亿年时间内的总量约为 3×10^7 吨，或者说使地球质量增加了 1/20000，相当于体重 100 千克的大胖子增加 5 克。可见其实在是微不足道！

流星体是穿行在星际空间的尘埃和固体小块，数量众多，沿同一轨道绕太阳运行的大群流星体，称为流星群。闯入地球大气圈的流星体，因同大气摩擦燃烧而产生的光迹，划过天

陨石

空，叫作流星现象。

陨石是地球以外的宇宙流星脱离原有运行轨道或成碎块散落到地球上的石体，它是人类直接认识太阳系各星体珍贵稀有的实物标本，极具收藏价值。据加拿大科学家10年的观测，每年降落到地球上的陨石有20多吨，大概有两万多块。由于多数陨石落在海洋、荒草、森林和山地等人烟罕至地区，而被人发现并收集到手的陨石每年只有几十块，数量极少。

陨石在没有落入地球大气层时，是游离于外太空的石质的、铁质的或是石铁混合的物质，若是落入大气层，在没有被大气烧毁而落到地面就成了我们平时见到的陨石，简单地说，所谓陨石，就是微缩版的小行星"撞击了地球"而留下的残骸。

我国是世界上发现陨石最早的国家，远至新石器时代，后经历朝历代，直到20世纪末均有文字记载，并有不少标有"落星"的地名，如"落星山"、"落星湖"等。

陨石的分类

陨石根据其内部的铁镍金属含量高低通常分为3大类：石陨石、铁陨石、石铁陨石。石陨石中的铁镍金属含量小于等于30%；石铁陨石的铁镍金属含量在30%～65%之间；铁陨石的铁镍金属含量不小于95%。

（1）石铁陨石：石铁陨石由铁、镍和硅、酸、盐矿物组成，铁镍金属含量30%～65%，这类陨石约占陨石总量的1.2%，故商业价值最高。著名的石铁陨石是山东莒南的"铁牛"，长1.4米，重达3.72吨，为世界陨石之首。该陨石含铁70%以上，其次为硅、铝，主要镍

石铁陨石

矿物有锥纹石、镍纹石、合纹石等，次要矿物为陨硫铁、铬铁矿、石墨等。石铁陨石根据起内部的主要成分和构造特点分为橄榄石石铁陨石（PAL）、中铁陨石（MES）、古铜辉石—鳞石英石铁陨石。

（2）石陨石：石陨石上硅酸盐矿物如橄榄石、辉石和少量斜长石组成，也含有少量金属铁微粒，有时可达20以上。密度3%～3.5%。石陨石占陨石总量的95%。1976年3月8日15时，吉林地区东西12千米，南北8千米，总面积500多平方千米的范围内，降一场世界罕见的陨石雨。所收集到的陨石有200多块，最大的1号陨石重1770千克，名列世界单块陨石重量之最。吉林陨石表面，有黑色、黑棕色熔壳和大小不等气印。主要矿物有贵橄榄石、古铜辉石、铁纹石和陨硫铁；次要矿物有单斜辉石、斜长石等。石陨石根据起内部是否含有球粒结构又可分为2类：球粒陨石、不含球粒陨石。

铁陨石

球粒陨石根据化学—岩石学分类被分为：E、H、L、LL、C五个化学群类。E群中铁镍金属含量最高，形成在一个极端还原的环境中，其橄榄石和辉石中几乎不含氧化铁；C群中的铁镍金属含量最低（或不含铁镍金属成分），形成在一个相当氧化的环境中，其橄榄石和辉石中的氧化铁含量比值最高；H、L、LL群的形成环境界于E群和C群之间，其特点也界于E群和C群之间。无球粒陨石根据其氧化钙含量的高低分为贫钙无球粒陨石、富钙无球粒陨石2个大类。贫钙无球粒陨石中的氧化钙含量不大于3%；富钙无球粒陨石中氧化钙含量不小于5%。

（3）铁陨石：铁陨石中含有90%的铁，8%的镍。它的外表裹着一层黑色或褐色的1毫米厚的氧化层，叫熔壳。外表上还有许多大大小小的圆坑叫做气印。此外还有形状各异的沟槽，叫做熔沟。这些都是由于它们有陨落过程中与大气剧烈摩擦燃烧而形成的。铁陨石的切面与纯铁一样，很亮。

陨石

陨石的形态

由于陨石在大气中燃烧磨蚀，形态多浑圆而无棱无角。

熔坑：陨石表面都布有大小不一、深浅不等的凹坑，即熔蚀坑。不少陨石还具有浅而长条形气印，可能是低熔点矿物脱落留下的。

陨石

比重：陨石因为含铁镍比重较大，铁陨石比重可达8，石陨石也因常含20铁镍，比一般岩石比重也大些。

磁性：各种陨石因含有铁而具强度不等的磁性。经风化的陨石没有磁性，因而也就不算陨石了。

条痕：陨石在无釉瓷板上摩擦一般没有条痕或

仅有浅灰色条痕；而铁矿石的条痕则是黑色或棕红色，以此加以区别。

陨石的起源

人们在观察中发现，在太阳的卫星——火星和木星的轨道之间有一条小行星带，它就是陨石的故乡，这些小行星在自己轨道运行，并不断地发生着碰撞，有时就会被撞出轨道奔向地球，在进入大气层时，与之摩擦发出光热便是流星。流星进入大气层时，产生的高温，高压与内部不平衡，便发生爆炸，就形成陨石雨。未燃尽者落到地球上，就成了陨石。陨落在吉林桦甸方圆250千米的土地上的陨石雨就是这样形成的。其中"1号陨石"落到永吉县桦皮厂附近，遁入地下6米多，升起一片蘑菇云，它产生的震动相当于6.7级地震，附近房中的家具都倾倒了，杯碗都摔碎了。这是多么强大的力量啊！可是更有甚者，那是在西伯利亚的通古斯地区上空爆炸的陨石，不但把50千米以外居民住宅楼的玻璃震碎，而且使方圆15千米的森林化为灰烬，

巨型陨坑

在爆炸的中心区树林还没有得及燃烧就已炭化，并且呈辐射状向外倒去；在其正下方的几棵"炭树"竟然直立着，原因是当时产生的高压使其变得坚固，那颗陨石爆炸时，连傍晚的莫斯科也如同白昼，可见，当时的情景是多么可怕。其实，比较起来，这也算不得什么。人们先后在美国亚利桑那州发现了一个深170米，直径1240米的陨坑；在南极还有直径达300千米的大陨坑。在大西洋中部竟发现了直径达1000多千米的巨形陨坑，可以想象出，在它们陨落的一刹那间是怎样宏大而可怕的景观啊！

科学家们说，我们地球每天都要接受5万吨这样的"礼物"。它们大多数

在距地面 5~20 千米里的高空就已燃尽，即便落在地上也难找到。它们在宇宙中运行，由于没有其他的保护，所以直接受到各种宇宙线的辐射和灾变，而其本身的放射性加热不能使它有较大的变化。所以它本身的记录是可靠的。对于它的研究范围有着相当广阔的领域，比如高能物理，天体演变，地球化学，生命的起源。

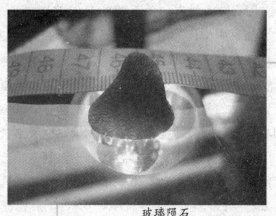

玻璃陨石

近来，科学家们在二三十亿年前的陨石中大量发现原核细胞和真核细胞。因此科学家断定，在宇宙中甚至是太阳系在 45 亿年前就有生命存在。在含碳量高的陨石中还发现了大量的氨、核酸、脂肪酸、色素和 11 种氨基酸等有机物，因此，人们认为地球生命的起源与陨石有相当大的关系。

白垩纪的恐龙

目前世界上保存最大的铁陨石是非洲纳米比亚的戈巴铁陨石，重约 60 吨；其次是格林兰的约角 1 号铁陨石，重约 33 吨；我国新疆铁陨石，重约 28 吨，是世界第三大铁陨石；世界上最大的石陨石是吉林陨石，以收集的样品总重为 2550 千克，吉林 1 号陨石重 1770 千克，是人类已收集的最大的石陨石块体。

另外，还有一种陨石被称为"玻璃陨石"，它呈黑色或墨绿色，有点像石头，但不是石头；有点像玻璃，但它是一种很特别的没有结晶的玻璃状物质。它的形状五花八门，一般都不大，重量从几克到几十克。到目前为止，已发

现的玻璃陨石有几十万块，而且令人奇怪的是它们的分布有明显的区域性。关于玻璃陨石的来源和成因，现在还没有定论。

陨石与人类有何关系呢？我们都知道，恐龙是古代一种大型爬行动物，如果中生代末期它们不灭绝，那么处于蒙昧时代的古猴至少没有机会变成现在的人。那么恐龙是怎样来灭绝的呢？科学家们发现，在白垩纪——第三边界沉积层堆积着一层厚约几十厘米的白色粉末，那是地球上极为罕见的氨基酸。因此，他们推断：6500万年前一颗直径约10千米的陨石与地球相撞，撞击后的巨大爆炸使大多数恐龙立刻死去，爆炸后的粉末笼罩在大地上空，数年之久，土温骤变，致使恐龙无一幸存，而恐龙的灭绝却给其他新生动物带来了生机，比如哺乳动物的出现，古猿也被迫走出森林。

玛雅文化是否与陨石有关

陨石促成了人类的产生，由于陨石的影响，促进了生物的产生、进化、发展，但陨石也会带来毁灭人类的危害性。比如没入大西洋海底的古文明大陆大西洲，因为它正处于上面所提到的大西洋巨型陨坑的边上，创造出灿烂的玛雅文化的古印第安人之所以突然失踪，也是因为在他们那里时常有陨石出现。

在不断发展着的今天，身外是个充满神奇的世界，同时也充满着危险。如1989年3月23日，一颗相当于几千颗广岛原子弹威力的小行星与地球擦身而过，它的下次光临是 2015 年，到时是否相撞，只能由事实去证明，但是我们不能让过去的悲剧重演，坐以待毙，让我们抓紧一切时间，去了解它，征服它直至利用它。

流 星 雨

　　流星雨是一种成群的流星，看起来像是从夜空中的一点迸发出来，并坠落下来的特殊天象。这一点或一小块天区叫做流星雨的辐射点。为区别来自不同方向的流星雨，通常以流星雨辐射点所在天区的星座给流星雨命名。例如每年 11 月 17 日前后出现的流星雨辐射点在狮子座中，就被命名为狮子座流星雨。其他流行雨还有宝瓶座流星雨、猎户座流星雨、英仙座流星雨。

流星雨

　　有的流星是单个出现的，在方向和时间上都很随机，也无任何辐射点可言，这种流星称为偶发流星。流星雨与偶发流星有着本质的不同，流星雨的重要特征之一是所有流星的反向延长线都相交于辐射点。

　　流星雨的规模大不相同。有时在一小时中只出现几颗流星，但它们看起来都是从同一个辐射点"流出"的，因此也属于流星雨的范畴；有时在短短的时间里，在同一辐射点中能迸发出成千上万颗流星，就像节日中人们燃放的礼花那样壮观。当每小时出现的流星数超过 1000 颗时，称为"流星暴"。

第二章　太阳系内的小天体

流星雨的发现和历史记载

流星雨的发现和记载，我国最早，《竹书纪年》中就有"夏帝癸十五年，夜中星陨如雨"的记载，最详细的记录见于《左传》："鲁庄公七年夏四月辛卯夜，恒星不见，夜中星陨如雨。"鲁庄公七年是公元前687年，这是世界上天琴座流星雨的最早记录。

流星雨

我国古代关于流星雨的记录，大约有180次之多。其中天琴座流星雨记录大约有9次，英仙座流星雨大约12次，狮子座流星雨记录有7次。这些记录，对于研究流星群轨道的演变，也将是重要的资料。

流星雨的出现，场面相当动人。我国古记录也很精彩。试举天琴座流星雨的一次记录作例：南北朝时期刘宋孝武帝"大明五年……三月，月掩轩辕。……有流星数千万，或长或短，或大或小，并西行，至晓而止。"（《宋书·天文志》）这是在公

英仙座流星雨

元461年。当然，这里的所谓"数千万"并非确数，而是"为数极多"的泛称。

而英仙座流星雨出现时的情景，从古记录上看来，也令人难以忘怀。请看：唐玄宗"开元二年五月乙卯晦，有星西北流，或如瓮，或如斗，贯北极，小者不可胜数，天星尽摇，至曙乃止。"（《新唐书·天文志》开元二年是公元714年）。

流星体坠落到地面便成为陨石或陨铁，这一事实，我国也有记载。《史记·天官书》中就有"星陨至地，则石也"的解释。到了北宋，沈括更发现陨石中有以铁为主要成分的。他在《梦溪笔谈》卷二十里就写着："治平元年，常州日禺时，天有大声如雷，乃一大星，几如月，见于东南。少时而又震一声，移著西南。又一震而坠在宜兴县民许氏园中，远近皆见，火光赫然照天，……视地中只有一窍如杯大，极深。下视之，星在其中，荧荧然，良久渐暗，尚热不可近。又久之，发其窍，深三尺余，乃得一圆石，犹热，其大如拳，一头微锐，色如铁，重亦如之。"宋英宗治平元年是公元1064年。

在欧洲直到1803年以后，人们才认识到陨石是流星体坠落到地面的残留部分。

在我国现在保存的最古年代的陨铁是四川隆川陨铁，大约是在明代陨落的，清康熙五十五年（公元1716年）掘出，重58.5千克。现在保存在成都地质学院。

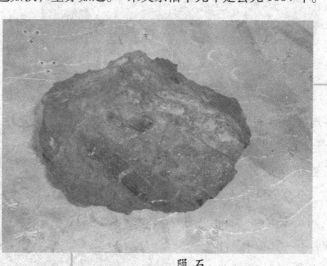

陨石

小行星的未来

距今大约 6500 万年前，有个直径至少 10 千米的小行星冲向墨西哥尤卡坦半岛尖端处，造成一个直径 200 千米的巨型坑洞，长年横行地球的恐龙和 60% 的其他生物种类因而绝迹。距今大约 5 万年前，一个直径只有 30 米左右的小行星，突然划过现在的美国亚利桑那州温斯洛近郊南方的天空，数秒钟即发生大爆炸，随之由地面升起巨大的蘑菇状云。此爆炸过程前后仅仅持续了 5 秒钟左右，但

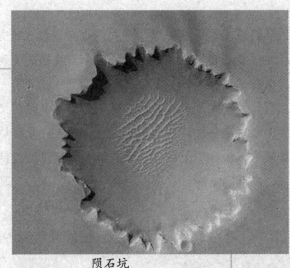
陨石坑

在地面却留下一个直径约 1 千米的大坑洞，造成半径数千米的地区从此荒废。至今仍然有大量大小不同的星体不断冲向地球，万一其中有个直径大于 1 千米的星体撞到地球，地球上的生态系统将陷入存亡难料的大灾难。在美国亚利桑那州的基多

火星轨道

峰上，每逢晴朗无光的夜晚，天文学家就进行观测接近地球的小行星的工作，这一新的天体观测行动就是"太空看守计划"

根据"太空看守计划"的观测，每晚约可观测到200颗的小行星，大部分小行星都位于火星轨道和木星轨道之间的小行星带。所幸的是，会拉近地球的的小行星都在极为细长的椭圆轨道上运行，因此与那近似圆形轨关系密切运行的小行星带内的

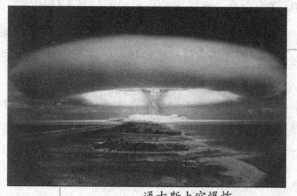

通古斯上空爆炸

小行星很容易辨别。"太空看守计划"每年可以发现15颗左右的新的"接近地球的小行星"。

科学家根据观测结果估计，在比月球更接近地球的范围内，任何一刻都可能有直径10~50米的小行星在运动着。这就是说每年大约10个直径约10米的小行星有冲向地球的可能性，其撞击的能量相当于5万吨TNT炸药爆炸的的威力。不过这种小行星在冲进大气层之后就会和大气层发生磨擦而完全燃烧，只有1%左右化为陨石掉落地面，不会对地球造成危害。但如果是更大的星体时又会怎样呢？

小行星冲入地球大气层

1908年6月30日早晨7点30分，一颗直径约50米的小行星突然冲入地球大气层，并在西伯利

亚波多卡门那耶通古斯河流域附近上空发生爆炸，扫平了附近数百平方千米的森林，在爆炸地点 60 千米以内，地区的植物遭到全部毁灭，爆炸声传到 700 千米以外。此次爆炸所释出的能量大约相当于 1000 万吨 TNT 炸药。

据估计，直径 50～100 米左右的小行星撞上地球的概率大约是 100 年才一次，多数冲进大气层后即烧尽，一部分掉落地面，所引起的灾害范围有限。

如果有直径 1 千米以上的小行星撞上地球时，才是地球上生命的一大灾难。此类小行星撞击地球的概率大约是 10 万年一次。由撞击而产生的尘埃和碎片会上升到大气层上部遮蔽阳光，而使地球的平均气温降低，引起全球性灾害。

自从生命在地球这颗行星上出现以来，位居于生物演化最顶端的人类，即将有能力主动避开大型的小行星与地球相撞的危险。要避免此等悲剧发生，首先需要具备能事前侦测出可能引起全球性灾难的小行星何时接近，一旦发生这种处在冲撞地球的轨道上的小行星，立即采取第二阶段的行动，也就是设法改变此小行星的轨道。人类已经了解此方法的可行性并有能力开发出这项技术，预计将于数十年内实现。

如果发生行星撞地球
将发生全球性大灾难

事实上，任何时间都有可能发生小行星撞击地球的全球性大灾难，或许是明天，或许是明年，也有可能再过数千年也不会发生。据估计，足以威胁地球上所有生命的大撞击，大概是 50 万年才会发生一次。不过，我们尚未完全了解地球周围的小行星和彗星的情况，说不定我们根本就是生活在随时都会造成世界末日的小行星群中。

小行星带来了地球客

在太阳系的小行星带，有无数我们肉眼看不到的本体了，它们在宇宙中仿佛是微不足道的碎石头，但却蕴藏着太阳系最原始的秘密。不久前美国宇航局（NASA）的"黎明"号探测器从肯尼迪航天中心顺利升空，它将在宇宙中航行 8 年才能低达小行星带，去拜访"灶神"和"谷神"两颗行星。越走越快当天早晨，"黎明"号探测器由一枚德尔塔 2 型火箭运载，顺利升空。

按照计划，"黎明"号将于 2009 年 2 月在火星附近脱离火箭独自前进。2011 ~ 2012 年，它将绕小行星带的灶神星运行 9 个月左右，随后将奔赴谷神星，从 2015 年开始围绕它运行，整个太空旅行的距离超过 50 亿千米。

"黎明"号探测器

在此之前，航空界从未尝试过用一个太空探测器考察两个天体并围绕它们运转。"黎明"号之所以能完成这项前无古人的任务，要感谢离子发动机。"黎明"号的发动机将太阳能转化为电能，再通过电能电离惰性气体疝气的原子，产生时速达 14.32 万千米的离子流作为推动力。

"黎明"号上安装了 3 个离子推进器和 2 个巨大的太阳能板，双翼问距近 20 米。在最初 4 天，它的时速将逐渐提高到 96 千米，12 天后达到 300 千米，1 年后将升至惊人的 8850 千米，而届时消耗的燃料只有 15 加仑。

"黎明"号的第一个访问对象灶神星是位于火星和木星间小行星带的第四

第二章 太阳系内的小天体

大天体，大小约为 578 千米×560 千米×458 千米，与谷神星、智神星、婚神星并称小行星带"四大金刚"。

探索太阳系

灶神星

谷神星 25% 的成分可能是水。望远镜观测显示，谷神星表面布满粘土、碳酸盐和其他形成水所需的矿物质，具备生命形成的条件。星的南极地区。"黎明"号将绕灶神星飞褥 9 个月左右，并考察它是否是降落地球的陨石的来源。

多冰的谷神星是小行星带第一个被发现的天体，也是体积最大的行星。科学家推测，谷神星 25% 的成分可能是水。望远镜观测显示，谷神星表面布满粘土、碳酸盐和其他形成水所需的矿物质，具备生命形成的条件。

研究人员希望通过"黎明"号的观测比较这两个天体的演化进程。据估计，它们可能形成于太阳系的早期，并且由于木星的强大引力作用而演化迟缓。"黎明"号配有 3 种科学仪器——摄像机、红外线光谱仪、γ 射线与中子探测器，它将从不同高度对两个天体进行探测，研究太阳系早期环境及形成过程。

"黎明"号探测器

又丑又脏的哈雷彗星彗核

哈雷彗星有一条十分壮观的彗尾，有一头美丽明亮的彗发，那它的彗核是什么模样呢？人类一直想一睹它的风采。

这颗迟迟不肯以真面目示人的哈雷彗星的彗核，却原来是个又丑又脏的家伙。其模样长得与其说像一个带壳的花生，不如比作一个烤糊了的土豆更为贴切。表皮裂纹累累，皱皱疤疤，其脏、黑程度令人难以想象。它最长处16千米，最宽处和最厚处各约8.2千米和7.5千米，质量约为3000亿吨，体积约500立方千米。表面温度为30~100℃。彗核表面至少有5~7个地方在不断向外抛射尘埃和气体。

彗核的成分以水冰为主，占70%，其他成分是一氧化碳（10%~15%）、二氧化碳、碳氧化合物、氢氰酸等。整个彗核的密度是水冰的10%~40%，所以，它只是个很松散的大雪堆而已。在彗核深层是原始物质和较易挥发的冰块，周围是含有硅酸盐和碳氢化合

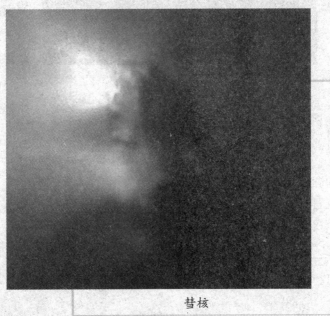

彗核

物的水冰包层，最外层则是呈蜂窝状的难熔的碳质层。

哈雷彗星在茫茫宇宙的旅行中，不断向外抛射着尘埃和气体。从上次回

归以来，哈雷彗星总共已损失 1.5 亿吨物质，彗核直径缩小了 4 ~ 5 米，照此下去，它还能绕太阳 2000 ~ 3000 圈，寿命也许到不了 100 万年了。

不可思议的哈雷彗星"蛋"

哈雷彗星

哈雷彗星，这颗彗星家族的明星，给人类带来了多少有趣的话题啊。人们因不知它的底细，曾视它为"妖星"而恐惶不安过；人们因看不清它的真面目，而浮想联翩过。

如今，人们借助于科学揭开了它的身世，掀开了它的面纱，可唯独有一个谜，至今令世人困惑莫解，这就是哈雷彗星"蛋"。

不知何故，哈雷彗星与母鸡结下了缘。每当哈雷彗星在间隔 76 年左右的回归年拜访地球时，必有一只母鸡会产下一枚奇异的"彗星蛋"来。请看这一起起不可思议的记录吧：

1682 年，哈雷彗星回归。德国马尔堡一母鸡产下一枚蛋壳上布满星辰的蛋。

彗星蛋

1758 年，哈雷彗星回归。英国霍伊克一母鸡产下一枚蛋壳上绘有清晰的彗星图案的蛋。

1834 年，哈雷彗星回归。希腊科扎尼一母鸡产下一枚蛋壳上描有规则彗星图案的蛋。

1910 年，哈雷彗星回归。法国报界透露，一母鸡产下"蛋壳上绘有彗星图案的怪蛋，图案如雕似印，可任君擦拭"。

1986 年，哈雷彗星回归。意大利博尔戈一母鸡产下蛋壳上印有清晰的彗星图案的蛋。

这一枚枚神奇而又精美的"彗星蛋"给人类带来了什么宇宙信息？为什么"彗星蛋"的出现与哈雷彗星的回归周期相吻合？在茫茫窿穹游荡的哈雷彗星给地球上小小的母鸡输入了什么信号，令它产下绘有奇妙星图的蛋？为何不见其他彗星有此神力？为什么现已发现的"彗星蛋"都集中在西欧地区？原苏联生物学家亚历山大·涅夫斯基认为："二者之间必有某种因果关系。这种现象或许与免疫系统的效应原则和生物的进化是相关的。"这位科学家的见解是否对呢？哈雷彗星与鸡蛋之间究竟有什么因果关系？这一切，现在仍旧是个谜。

首颗以我国人名命名的彗星

1988 年 11 月 4 日，在南京中国科学院紫金山天文台行星研究所工作的两位天文工作者汪琦、葛永良，首次发现了一颗新彗星。国际小行星彗星中心已确认了这一新发现，正式将其编号。根据新彗星以观测发现者名字命名的规定，给这颗彗星命名为"葛永良－汪琦彗星"。这是首颗以我国人名命名的彗星。

这颗彗星于 1988 年 5 月 23 日过近日点，亮度为 16 星等。绕日周期为 11.4 年，属于短周期彗星。它的发现对研究彗星的轨道演变和物理性质有重要的意义。

第三章　月球世界

月球——我们最近的邻居

荒无人烟的月球是我们宇宙中最近的邻居。月球的直径是 3476 千米，和美国东海岸到西海岸的距离差不多。这是一个没有空气没有水的地方（除了南极附近有少量的冰），从来就没有生命在这里存在过。地球和月球的平均距离是 38.3 万千米。

月球

白天的时候月球上很热，而夜晚则很冷。一个行星或卫星的大气越厚，早晚的温差就越小。因为月球没有大气，平常的温度计在这里根本无法使用。在月球赤道上，中午的温度在 116℃ 左右，然而在同一地点，午夜时的温度将下降到刺骨的 -139℃。

探索太阳系

46

月球的特征

月球最典型的特征是环形山。月球上有数以百万计的环形山，大多数都是被小行星、流星和彗星撞击形成的。这些碰撞大部分发生在很久以前。还有一些碰撞现在仍在发生。月球没有大气保护，所以这些物体以几十千米/秒的速度无阻力的撞到月球表面上。许多环形山都能用小型望远镜观察。环形山有很小的，也有直径 160 千米的很大的。一些环形山的边缘有6100 米高。

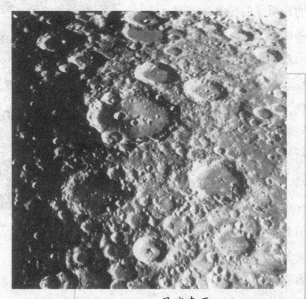

月球表面

月球上有许多小坑，小的坑里有更小的坑……一直到无穷多个。如果我们要数月球上到底有多少个不同大小的坑，我们能找到少量的大坑，但是我们能找到很多的小坑。原因是在宇宙空间里小体积的物体比大体积的物体多的多。另一个原因是不同大小坑是怎么形成的。简而言之，这不是一蹴而就的。首先形成的是当流星或其他物体撞击月面形成的初始坑。当撞击发生的时候，月球上的小块岩石被砸向初始坑的各个方向。这些小块的物体再次撞击月面，形成第二次的撞击坑。碎片再次被抛出去，重复前面的过程就形成了更小的坑……

像第谷和哥白尼这样的月球坑放射明亮的光线，远到几百千米长，就像是轮子。这种装饰性的效果是月球坑形成的时候被抛出去的浅颜色的物质造

成的。放光的坑是新形成的，随着时间的推移，它们将因为月球昼夜的温差，和月面的扩张和收缩而逐渐消失。

研究月球特征能帮助我们判断它们相关的年龄。一些环形山有尖锐的，明显的轮廓。其他一些则呈现出破碎的轮廓，前者是新形成的，而后者显示了流星碰撞时的信息，也能显示因为昼夜巨大温差而造成的固体扩张与收缩而导致的一种叫月球"侵蚀"的相关信息。有时候我们看到两个环形山有些部分重叠在一起。一个环形山穿过了另一个

月球环形山

的边缘或者在另一个的内部，很明显这个陨石坑是新形成的。

如果你有 20/20 的视力，你能裸眼分辨出月球的一个环形山。正如你所想的，你裸眼能看到的那个就是月球上最大的环形山，它叫格里马迪。它暗色的基底使它能在周围浅色的环境中被分辨出来。如果你把一轮圆月想象成一个表盘，在 9 点方向月球的左边缘你就能找到它。它看上去是一个小的暗的椭圆，但实际上它的

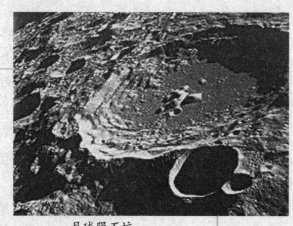

月球陨石坑

直径超过160千米。

地球经受的撞击远比月球多得多，然而只有很少的陨石坑。因为具有更大的质量和体积，地球在它的一生中将比月球吸引更多的流星。然而月球看起来才是一个真正的陨石坑世界，而地球则不是。地球的气候和地壳运动始终是使它变得平坦的方向努力，而月球则缺少这种力，所以它一直保持着它早年留下的伤疤。

月球也有范围很大的山脉。月球有一些山脉，亚平宁山脉是其中最著名的几个之一。它的一些山峰比珠穆朗玛峰还要高。不像地球，月球没有盘状构造也没有风或雨的侵蚀，因此一旦山峰形成，除了碰撞造成的粉碎，高度一般都不会改变。

月球也有被称为"海"、"峭壁"、"河"的特征。月海不是实际的水体，而是大范围绵延数百千米的暗色的固化的互相连接的平滑的熔岩链。在别处，我们找到了数十千米高的峭壁和蜿蜒的叫做"河"的谷地。"河"可能是月球表面下熔岩的通道塌陷造成的。

月球的表面不同的区域呈现不同的亮度。即使是用眼镜或裸眼看上月亮一眼，你也会发现月面各个地方的亮度不是一样的。月球某种程度上是杂色的。浅色区是月球上的高地。大多数这样的区域都是多山的或遭受严重撞击的地区。

月海

月球也有暗区。月球上的黑暗地区形状大多数都是圆形的，就是俗称的"月海"。这个名字能回溯到早些时候，那时候平坦黑暗的外观让一些天文学家猜测它们可能是水体。今天我们意识到它们是从月球演化早期，从表面下很深地方涌出、留向洼地的相当大的固化熔岩链。月海这个词现在仍在使用，然而它们大多见于诗句，就像"平静的海"、"云海"。

月球

是什么造成了"月球人"的幻觉？浅色的高地区域和深色的熔岩链（月海）的相互影响创造了所谓的月球人。两个月球的熔岩链，"平静海"和"宁静海"（太空人第一次在月球着陆的地方）构成了左眼，而"雨海"则构成了右眼。亚平宁山脉构成了鼻子，其他一些聚集在一起的链，其中包括"蒸汽海"弯曲成了人的小嘴。许多不同的文化把亮和暗的区域用其他的方式来解释，于是就有了"嫦娥"，"月兔"甚至是"月雾"的叫法。这些都使得月球看起来像一种宇宙的墨迹测验。

月相景观

月球有定期的月相循环。每29.53天月球完成一次月相的循环。这个循环的主要的点分别叫做"新月"、"娥眉月"、"上弦月"、"盈凸月"、"满月"、"亏凸月"、"下弦月"和"残月"。循环的起点是"新月"。

什么是渐满的月亮，渐亏的月亮？当月球渐满的时候，它每晚都比前一晚变得更圆。当月球渐亏的时候，它每晚都比前一晚亏得更多。在新月和满月之间，月亮渐满；在满月和新月之间，月球渐亏。

你可以通过每晚的观察看到月相循环变化的过程。除非日食，否则我们看不到新月。因为在这个月相的时候，月球处在地球和太阳之间，所以太阳照亮的是月球背向地球的一边。新月过后的几天内，我们将在日落后西方的天空中看到细细的渐满的月亮，这是"娥眉月"相。之后每晚月亮都变得丰

新月

满一些，直到新月之后的1个星期多一点的时候，我们将在南天正好看到月亮右边的一半。这叫做上弦月，月球完成了月相循环1/4。过了这一晚，月亮变得更圆，形状开始变得像一个鸡蛋了。这叫做"盈凸月"相。新月过后的15天再多一些的时候，从地球上看，月球正好在太阳的相反的一边，这时太阳照亮了月亮的整个半球，我们看到了"满月"。在接下来的2个星期里，月球从"盈月"相——从越变越圆变成越变越不圆的"亏月"相。从这天开始，我们将看到一个越来越小的月亮。首先是月亮左半边越来越平的"亏凸月"相。新月过后的3个星期多一点的时候，我们看到了被太阳照亮了左半边的月亮，这

盈凸月

时我们经过了月相循环的3/4，它叫做下弦月。在月相循环的最后几天，月亮变得越来越细，这就做"残月"相，我们在黎明前可以看到它。最后它又来到了下一个新月的位置。

你能通过一个球和灯的关系来理解月相是怎样变化和为什么变化的。理解月亮是怎样进行月相循环和为什么进行循环的是一件很有意思的事情。在一间黑暗的屋子里通过一个球和一盏灯你就能马上证明给自己看。你所需要的仅仅是一个球（任何大小的都可以）和一个能造成尖锐阴影的无影灯。把

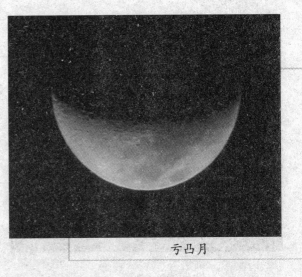

亏凸月

灯放好然后打开，使灯泡与你的肩膀同高。关掉屋里的其他灯。把球拿在手，

身体离灯要有一定的距离。灯代表太阳，球代表月亮，你的头就代表地球。把手臂向前伸直，把球举到与肩同高的位置。然后你开始缓慢的转圈，同时保持刚才的姿势。当你旋转的时候，你将能看到球类似于月亮的像的变化。实际上灯、你的头和球的位置关系就是太阳、地球和月球的位置关系。

月食

当你把球拿到你和灯之间的时候，你将看到球切断了来自于灯的光线，形成了"日食"。当你正好处在灯和球之间的时候，你头部的影子落在了球上，形成了"月食"。这样的实验很有趣，一定要试一试！

　　明暗界限在日出和日落时在月球上留下晨昏界线。当月亮渐满的时候，明暗界限将出现在日出的方向。每晚都用望远镜观察，你将能看到这条线逐渐向西移动。就像地球上一小时一小时的流逝。当月亮逐渐变小的时候，明暗界限出现在日落的方向。每晚观测，这条线逐渐向西移动，并且吞噬更多的月面使月亮越变越小。

　　当月亮渐缺的时候，地球反照是一个相当美丽的现象。在新月的前几天或后几天，月亮在天上相当的小，但是当你用双眼仔细观察的时候，你将会看到被地球影子遮住的部分仍然隐约可见。这种现象就叫地球反照，是太阳光照在地球上然后反射到黑暗中的那部分把月亮照亮造成的。当提及在黄昏出现的娥眉月时，这样的现象有时在诗里叫做"旧月亮在新月亮的怀抱"。

　　如果你知道正确的位置，你能经常在白天看到月亮。当月亮由亏转盈，它在日落前升起，所以至少在下午的时间里看到它。当娥眉月时，你将在快到晚上的时候，在西南方天空中找到它。上弦月可以在下午的东南或南方的天上找到。盈凸月在一天的晚些时候可以在东方或东南方向找到，它十分明显。在满月过后，月亮

月亮在地平线的时候看
起来比在空中的时候大

在日落后升起，在日出后落下。所以在早上西方的天空中可以看到亏凸月。下弦月在一天中早些时候的南天可以找到。残月基本上就在太阳的方向。

第三章　月球世界

我们在地球上看到的总是月球的同一面。月球总是以同一半球对着地球。这意味着我们看到的总是同一个月面。如果你在新月的时候发射强大的探测光照亮月面，你将发现它和满月的时候是一样的月面。

随着时间的流逝，月亮展示给我们的不止半个月面。当月亮以同一个面对着我们的时候，它的转动轴有微小的震动。这种振动是天平动。这使我们能交替的看到它的东边缘和西边缘。而且因为月球绕地球转的轨道和地球绕太阳转的轨道有一定的倾角，我们有时也能瞥到它的上下两极。总之这让我们看到了59%的月面，而不是50%。

月球朝向地球的一面和背向地球的一面有很大的不同。朝向地球的一面既能表现光又能表现阴暗，而背向地球的一面则有很少的阴暗区，更多的坑和高地。没有人知道这是为什么，但是大撞击可能开始的时候只发生在一个半球。猜测这和地球有一定的关系可能很有诱惑力。但是大撞击可能发生在月球减慢自转，使一个面朝向地球之前。

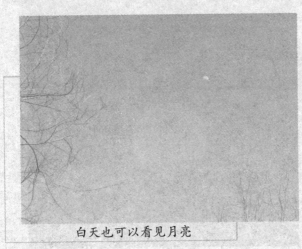

白天也可以看见月亮

月亮在地平线的时候看起来比在空中的时候大。从学术角度讲，月亮在地平时比升上天空的时候距离地球要远上6400多千米。但是一个升起的满月确实会看起来很大。这种涉及月球幻想的现象更多地来自于心理。这种幻想是大脑首先把从地平升起来的月亮想象成月球变得越来越近的思想放了进去，意识将不同程度的影响前景物体造成错觉。这种离奇的东西没有一种解释得到了公认，但是下一次你看到满月刚刚升起的时候，不要说它比升上去的时候大，这只是个幻觉。

当满月的时候，月亮在空中的位置总是和太阳反向。正因为此，满月总是在太阳落下西方地平的时候在东方升起。当月亮在第二天早上从西边落下的时候，太阳正好从东边地平升起。

满月会很亮，但是月亮在天上可以很亮，事实上它是一个很暗的物体。它的大多数岩石和土壤是灰色的，月亮只反射太阳照到它上面的大约 7% 的能量。其他行星的卫星大多数都反射太阳照在它们上面的 80% 的能量，因为它们是由大量的冰构成的。我们可以想象一下，如果我们也有一个冰月亮绕着我们转，我们的夜晚将会多么明亮啊！

在谈论月球或其他行星及其卫星的亮度的时候，天文学家常用一个叫"照度"的词。一个物体的照度就是该物体反射或散射太阳辐射的百分比。所以我们也可以说月亮的照度是 7%。而外层行星的卫星的照度通常是 80%。

不同的满月以不同的路径穿过空中。因为地球的转轴与它的轨道有一定的倾角，而月球绕地球的轨道也有一定的倾斜，与地球绕太阳的轨道也存在倾角，所以月球以不同的路径经过空中。在中纬度地区寒冷的冬夜里，满月能爬到中天，而夏天刚开始的时候它只能很低的划过南天。在一些地区，在一年的雨季里我们将透过

娥眉月

很多水气看到这个 6 月份的月亮。水气散射掉蓝光和紫光，这样月亮看起来是桔黄色的。豪无疑问这样的"蜜月"与一年中结婚的传统有关。

我们"月份"的说法就衍生于"月"。月相变化 1 圈就是 1 个月，这一点都不奇怪。这变成了一样很方便的计算时间的方法，并且存在于很多文化之中。

因为在天空中的位置，月相真的对农民收庄稼有帮助。因为月球的轨道面与地球的轨道面存在倾角，所以在一年中月亮升起来的时间会不太一样。春天刚刚到来的时候，月亮每天都会比前一天正好晚升起一个小时。然而，在秋天刚开始的时候，情况正好反过来了，月亮好几个晚上都在同一时间升起。这个"Harvest Moon"在太阳从西边落山的时候，在东边给农民们一个光的延迟效应，而这个时候正好是一年中农民花最多时间收庄稼的时候。

每年"Harvest Moon"的日期由另一个天文事件决定。"Harvest Moon"是接近秋分点的满月，换句话说它出现的时间最接近秋季的第一天。因为秋季的第一天是9月22日或9月23日，而满月通常发生在这个日期的前半个月或后半个月。"Harvest Moon"可能在9月7号到10月7号之间的任意一天出现。史蒂夫万德的歌《I just called to say I love you》有一句歌词是这样的："No harvest moon to light one – tender August night"这是一首好听的歌，卖出了几百万的唱片，但是按照资料的记载，Htarvest Moon是不可能出现在8月的。

满月能爬到中天

今天的许多风俗仍然用阴历来定宗教节日和一些严肃事件的时间。中国人、印度人、犹太人、穆斯林和其他一些种族的人仍然在用阴历。拿穆斯林的斋月为例，它是第一眼看到娥眉月的时候开始，到下一个娥眉月为止。同时犹太人的盛大节日逾越节甚至是今天的复活节也由月亮决定。复活节的日期每年都不同，但是总是在春分和第一个满月后的第一个星期天。复活节和逾越节通常在一年中的同一时间到来。

用望远镜观察月亮最差的时间就是满月的时候。满月很浪漫，但是当用望远镜观测的时候却很令人失望。当满月的时候，月亮表面的中心地带正在经历正午（被太阳照出的影子最短）。因为没有阴影把月球的地形显示出来，所以月球的表面几乎没有什么特征。用望远镜观测月亮的最佳时期是靠近上弦月或下弦月的时间的时候，那时候月球坑和环形山呈现出浮雕式的效果。尤其是沿着月球平坦的边缘，它们将投出很显著的长长的影子。

月亮整晚都在天上的理念一个月只出现一天。这个夜晚就是满月的那个夜晚。大部分时间我们只能看到月亮的一部分，而且 3/4 个月是这样的。在月相是新月的时间的附近，天上根本看不到月亮。如果你在任意晚上的任意的时间出去，你将有只有 1/2 的可能性能找到月亮。

从一个满月到下一个满月的时间是 29.53 天。这就意味着除了 2 月份，如果满月发生在一个月的最开始，我们就将在这个月里看到第二次满月。一个月里的第二次满月就叫做"蓝月亮"。平均来说，蓝月亮每 2.5～3 年出现一次。当然，"蓝月

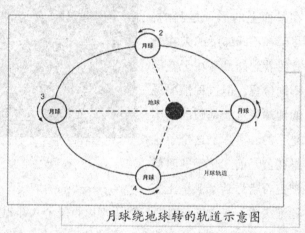

月球绕地球转的轨道示意图

亮"不是看起来是蓝色的，它只是个名字而已。那么月亮能有一个蓝色的影子吗？答案是肯定的。生火出来的烟和火山爆发时喷出来的烟都可以散射月亮上来的红色和橙色的光，这样月亮看上去就穿上了蓝色的外套了。

月球绕地球转的轨道不是一个规则的圆。像所有其他的天体，月球的轨道是一个椭圆。在历时一个月的轨道中，它与地球间的距离在 356405～406680 千米之间变化。近地点和远地点在轨道上缓慢的移动，所以，月相不是与一定的距离有联系的。所以，有的满月的时候，月球离地球近些；有的新月的时候，月球离地球近些。

月食的原因是什么？月食发生在地球，月亮和太阳在一条直线上，并且地球处在它们中间的时候。当月食发生的时候，月球正好通过地球在空间投

下的影子，并且我们看到这个影子缓缓的从月球表面爬过。所以月全食只有在满月的时候才出现。但月全食不是每个满月的时候都发生。这是因为月球绕地球转的轨道与地球绕太阳转的轨道有一定的夹角。这使得一些满月的时候，月球刚好从阴影的上面或下面通过。

月食的现象证明了地球是圆的。地球上不同纬度的人可以看到相同的月食，并且可以看到地球投在月面上的影子是圆的，尽管在不同纬度的人在月食时看到的月亮在天空的不同位置，但这种情况说明地球只可能是圆的而不是平的。实际上这个争论早在公元前350年的时候被古希腊哲学家亚里士多

日全食

德证实了。在哥伦布时期，除了哥伦布每个人都相信地球是平的。

月食可以有全食和偏食。地球的影子由全黑的本影区和灰色的半影区组成。当月球全部进入本影区的时候，月全食就发生了。如果月球只有一部分进入了本影区，那么将发生月偏食。当月球进入了半影区的时候，也将发生月食。只不过半影区比较微弱，效果不太明显罢了。

当月食发生的时候，

日偏食

地球同一边的人都能看到。因为地球上一半的地区在黑夜的时候在任何时间都是黑的，当月球进入地球影子要发生月食的时候，地球上处于黑夜的那个半球都面对着满月。所以，只要天气允许，成千上万的人都能在同一时间看到月食。

你很容易就能想到可观测的月食比它们实际发生的时候少。除非你故意满世界的跑，在正确的时间到达正确的地点。否则你看到的月食的次数比它实际发生次数要少。因为月球在进入地球的影子要发生月食的时候，你必须在地球上是黑夜的那个半球才可能看到月食。所以有时月食发生时我们处在黑夜，这样我们可以看到；而有时我们正在白天看不到。这意味着地球上另半边的人代我们享受了一次月食。

有些时候月食很暗，有些时候很亮甚至是有颜色的。在一些情况下，月全食会很暗，以至于在天上我们根本看不到它。但有些时候它是可见的，甚至是它在通过本影的中心区域时。那时它呈现出红色或者古铜色。这些现象与月球无关，而与月食发生时地球大气的状态有

潮汐

关。阳光穿过环绕地球的大气照到月球上，地球的大气散射掉太阳发出的蓝光和紫光而允许红光和橙色光通过，它们照到月球的表面上，其中的一部分再被反射到地球上，所以全食时的月亮有时看起来像个缓缓燃烧着的灯笼。在大型火山活动的时期，地球的大气中就有大量的灰尘和烟，这些颗粒吸收所有的太阳光，所以它们能使月全食时的月亮看起来很暗。

月食可以持续很长时间。当月亮只有一部分经过本影区的时候，这使得月食是一个相当短的过程。但是因为地球本影的直径是月球直径的 2 倍还多，

第三章 月球世界

而且半影区也在本影区旁边，所以月全食从开始到结束可以长达5小时（全部在本影区可以持续2小时）。

观测月食是安全的。不像是观测日食，月食的观测不会伤害你的眼睛。毕竟看满月是安全的，而且它很久以前就被无数对恋人们凝望过。月球通过地球的阴影，很少的光能射到你的眼睛里。

月球引起了潮汐，这是普遍的观点。但实际上，太阳在其中也扮演了角色，虽然只是很小的影响。尽管日地距离远大于地月的距离，但太阳的巨大的质量仍然产生了显著的引力影响。

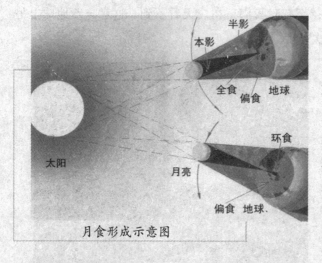

月食形成示意图

在地球上同一点每天发生2次潮汐。这是因为月球使地球升起两个大水球——一个面对着月亮，另一个正好背对着月亮。地球在这2个潮汐球下旋转，每转一次产生2次潮峰。在两个"水峰"正中间的地方有2个相对应的槽，形成2个低潮。所以，在高潮中间与之相对应的低潮每天也伴随出现。高潮和低潮的出现的次数每天都会有一些改变，因为月球一直在自己的轨道上前进。当月亮升到很高的时候，每天都会提前一点。

面朝月球方向的潮汐球很好理解，但在相反方向为什么会有潮汐球有些令人费解。理解为什么在相反方向会有潮汐球的关键在于是什么引发了潮汐。大多数人认为月球的引力引起了潮汐，但是这不完全正确。真正的原因是因为月球对地球前面和后面引力总量上的不同造成了潮汐。月球对地球的引力作用与地月之间的距离有关。地球上的近月端比远月端距离月球近12870千米。这就意味着月球对地球的近月端的引力最大，而对远端的引力最小，地球中间的部分受的力在最大力和最小力之间。月球把地球面向它这边的水向自己的方向吸引，形成了面向月亮的潮汐球。下面是一个很有意思的地方，就是月球对地核的拉力作用比对远端要强，所以地核就被拉向远离远月端的水体，这样就形成了第二个潮汐球。

涨潮和落潮是宇宙的拔河比赛。当月球，地球和太阳拍成一条直线的时候（这时是满月或者是新月），月球和太阳在同一条直线的相反方向吸引着地球，这样的作用增强了潮水，叫做涨潮。在地球上看，当月球和太阳之间呈直角关系的时候，它们互成角度的引力使得潮水减小，这叫做落潮。

尽管影响潮汐的主要是月球，但认为月亮也会使人类产生潮汐，并且影响人类的行为是错误的。理解这个经常被人们误解的理念的关键在于潮汐是月亮对近月端和远月端的作用力不同产生的。对于地球来说，这个引力上的差异会很明显，因为地球

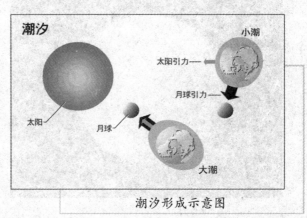

潮汐形成示意图

的直径差不多只有 12870 千米，所以近月端比远月端距离月亮要近 12870 千米。对于人类来说，身高平均不到 1.83 米，大约只有 31 厘米宽。所以对你从头到脚的影响，左肩到右肩的影响都是微乎其微的。人体内部的力是这个吸引力的好几百万倍，所以察觉不到月球对人的作用。

但是真的没有证据证明月亮从一个满月到下一个满月的时间与人的生理周期没有任何关联吗？是巧合而没有影响。毕竟很多的物种都显示出生理周期，但是只有一些与月相的变化周期相近。并且对于人类的生理周期，每个人都有显著的不同。

许多产科的大夫和护士都声称出生率和一胎多生在满月的时候都明显上升。这是一个有趣的事情，并且你可以对此进行实验来看看是否是这样的。

第三章 月球世界

在数年前的一次研究中，加州理工大学的天文学家乔治阿贝尔博士决定找出答案。过去的几年中他查看出生记录并且记录月相变化。那么结果呢？根本就没有关联。看来人类是一种有趣的动物。

一些人提出在满月前后的几天是暴力犯罪和不正常行为的高发期。同样的，运用大量数据研究的时候，大多数关于这种情况的科学实验显示这其中并没有什么关联。在这种情况下，我们必须区别月亮真正的影响和人们乐于相信月亮对他们行为确实起作用的影响。简而言之，如果一个人非常相信满月对他或她的行为有强烈的影响，那么他或她的行为就非常可能存在一些异常。还有一点非常重要，就是我们要区别月亮的力量和人类意识的力量。一个伟大的哲学家如是说：我们看到一种现象，它就是我们自己。

满月

月球的形成

月球很可能是地球被空间中的巨大物体碰撞后形成的。在我们了解板块构造论（大型地壳的运动）之前，一些人注意到，月球和太平洋的大小差不多，并且开始推测月球可能就是原来地球上的这个部分。其他人推断月球于早期太阳系的其他地方形成，在靠近地球的时候被地球俘获。今天掌握的最普遍的理论则认为在太阳系的早期，一个火星大小的物体与地球发生了一次猛烈的碰撞。物质被驱散，并在地球周围形成了一个环，最后结合成了月球。但那个时候的地球仍处于熔融的状态。

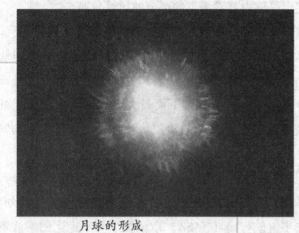

月球的形成

月球的历史很悲壮！在过去经常受到撞击。月球由气体云和尘埃在 46 亿年前构成。当月球固化的时候，小型的空间碎片不停的被吸入。在 39 亿年前到 42 亿年前的这段时间中，这个大碰撞时期产生了我们今天看到的月球表面的坑。38 亿年前，月球中心的放射性物质引

起了内部的加热，并且使月球变成熔融状态，引发了月球表面的火山爆发。熔岩流到月球表面，它们流向地势低盆地，形成了月海。31 亿年前，火山活动期过去了，熔岩固化了。除了偶然的流星碰撞，月球就变成了我们今天看到的样子。

月球内部是多块状的。当飞船第一次被送到空间去环绕月球的时候，科学家们注意到飞船在特定的点被意外的减速或加速。科学家们当即推测速度的变化是由于大密度的

宇航员在月球表面行走

第三章　月球世界

流星体碰撞月球并且深入了熔融状态的月球。高密度的地方在它的周围产生了更强一些的引力，这样飞船就被加速了。对月球探测器运动的认真计算使得科学家们可以准确的描述出月球内部看不见的部分的质量分布。

月球的内部还可以通过阿波罗宇航员留在月球上面的测震仪来进行研究。近10000次的月震被探测器记录了下来。一些是因为物体高速撞击月球引起的，但绝大多数还是因为地球潮汐力引发的月球内部的变化。大部分的月震发生在月面以下 640～1200 千米。在这个深度下面是大多数科学家认为还处于熔融状态的月核。在月震区的上面是月球的覆盖物和月壳。月壳的平均厚度只有 72 千米。

先后一共有 12 位宇航员在月球表面行走过。他们每两人一组，共 6 组，通过阿波罗计划 11 到 17 驾驶飞船在月球降落。本来会有更多的着陆计划，但是它们被美国国家航空和宇宙航行局（NASA）取消掉了。不走运的阿波罗 13 只绕着月球转了几圈而没有成功的着落，像有名的同名电影中描述的一样。一些苏联在冷战时期保密的资料表明：苏联也曾尝试把宇航员送到月球附近，但由于各种原因，这些计划在实施前都夭折了。

月球上岩石

宇航员总共从月球上带回了 381 千克（840磅）的物质。这些物质尺寸迥异，大到人的头颅，小到尘埃颗粒，并且来自月球上从平原到山地的广袤地域。带回的岩石中，最年轻的只有 31 亿岁，而最老的已有44.2 亿岁，接近太阳系自身的年龄。

月球上岩石的年龄一般比地球上的大。月球在 31 亿年前地质已经不活跃了，许多区域已经不再活动。与之对比，那时地球上火山仍十分活跃，地壳运动直到现在还未停止。

因此，地球上的岩石年龄大都远小于 30 亿年，月球上的岩石年龄大都在 40 亿年甚至更多。这样一来，研究月球上的岩石，而不是地球上的岩石，可以使我们了解太阳系早期的历史。

从月球上带回的岩石的类型都是地质学家所熟悉的。在阿波罗宇航员探测的谷底和高地上，找到了角砾岩，即不同类型的岩石在压力作用下"焊接"在一起的混合物。在谷底找到的岩石多是玄武岩，一种含有金属和硅酸盐的颗粒状岩石。

分析月球的岩石可以得出：虽然月球岩石样本中不含水，而含有大量铀、钍等地球上的稀有元素，但地球和月球在化学成分上是相似的，至少在表面上是的。也许有一天，在月球上采矿从经济上来看是可行的。

因为质量远小于地球，月球表面的重力加速度也远小于地球。是地球表面的六分之一。一个在地球上重 100 千克的人在月球上重还不到 17 千克，这是由于月球对人的拉力是地球对人的拉力的 1/6。宇航员利用一种漫步兼跳跃相结合的方法来使自己在月球上尽快的移动。如果不是身上宇航服的影响，他们能够跳得比地球上高 6 倍，远 6 倍。让运动员们穿上灵活的服装，在月球上举办奥林匹克运动会，一定会被录入吉尼斯世界纪录！

在月球上从同一高度放下一把铁锤和一片羽毛，它们将同时着月。如果你现在在身边做这个小试验，很明显，铁锤先着地，因为羽毛表面积与重量之比远大于铁锤，它在下落时受的空气阻力使羽毛减速快。在月球上，没有空气的存在，铁锤受的力比羽毛大，但这个力正

月岩

好使惯性大的铁锤具有与惯性小的羽毛一样的加速度。惯性取决于物体质量

的大小，是表征使物体运动或静止的难度。例如一辆凯迪拉克车的质量比曲棍球大，使凯迪拉克从 0 千米/秒加速到 60 千米/秒远比曲棍球难，再使它停下也比曲棍球难。虽然月球上铁锤受的力比羽毛大，但这只能使具有和羽毛一样的加速度，因此铁锤和羽毛将同时着月。

从月球上看地球，将会看到类似月相圆缺变化的"地相"。与从地球上看见月相变化的原因一样，从月球上看地球，地球也会有"地相"变化。而地相与月相正好互补。换句话说，当我们看到满月时，月球上的宇航员将看到新月状的地球；当我们看到 1/4 月亮时，宇航员将看到 3/4 的地球。当然，从月球上看到的地球比从地球上看到的月亮大 4 倍。

一个有趣的观象是，月球正逐渐远离地球。虽然月亮围着地球转，但它以 30 厘米/年的速度远离我们而去。

地球和月球的距离

天文学家们目前通过对珍贵的化石、标本以及岩石的样本的变化规律分析研究后，发现了地球、月亮和太阳在数亿年前的变化规律。科学家们表示，鹦鹉螺壳、珊瑚年轮等都是非常稀有的活化石，通过对它们的分析研究，证实地球正在越转越慢，而月球正在逃逸。早在 4 亿年前，地球和月球的距离大约只有现在的 1/2。

鹦鹉螺壳

鹦鹉螺壳看上去和普通贝壳差不多，贝壳表面有一圈圈的纹路，就像是风车起舞，它出现于 5.3 亿年前，到 4.7 亿年前迎来自己的昌盛，历史上共演化出了 2500 多个品种，到如今，它已经渐渐走向灭亡，只剩下 4~5 个品种，然而这个在世界上日渐衰落的生物，通过和它 4 亿多年前的化石相比较，专家们却发现了一个惊天的秘密，月球确实正在远离地球。

科学家们介绍称，通过对现存的几种鹦鹉螺化石研究中发现，贝壳上的波状螺纹具有和树木年轮一样的性能，螺纹分许多隔，虽宽窄不同，但每隔上细小波状生长线在 30 条左右，与现代农历 1 个月的天数完全相同。这种特殊生长现象使科学家得到极大启发，他们又观察了古鹦鹉螺化石，惊奇地发现，古鹦鹉的生长线数随着化石年代的上溯而逐渐减少，但相同地质年代的螺壳生长线却是固定不变。研究显示，现代鹦鹉螺的贝壳上，生长线是 30 条，中生代白垩纪是 22 条，侏罗纪是 18 条，古生代石炭纪是 15 条，奥陶纪是 9 条，由此推断，在距今 4.2 亿年前的古生代奥陶纪时，月亮绕地球一周只有 9 天。根据推测，专家估计，在奥陶纪时，地球与月球之间的距离，只有现在的 43% 左右。

珊瑚也有年轮。科学家们发现，珊瑚每年长有 365 条轮线，而 4 亿年前的珊瑚化石上每年长有 400 条年轮线。这说明，4 亿年前，地球每年是 400 天，那时，地球每自转一周的时间为 21.5 小时，比现在要快 3.5 小时。

那么地球的自转为什么会变慢呢？据科学家们分析，主要是潮汐作用引

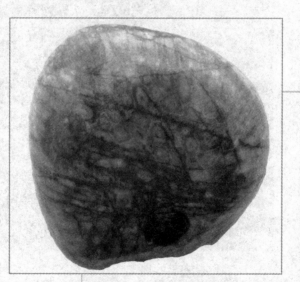

珊瑚化石上每年长有 400 条年轮线

起的。通过牵引，地球的自转能量被月球一点点地"偷"走了，因此每隔 100 年自转周期就减慢 1.5 毫秒。地球把部分自转能量传给了月亮，使月亮的

动能增加了，这也和鹦鹉螺壳透露出来的月球逃逸的结论基本一致。据专家测算出，月球正在以每年3.8厘米的速度远离地球。

伽利略的发现

1609年，意大利科学家伽利略研制了一架望远镜，这架望远镜的直径不到3厘米，清晰度不高，但毕竟可以用来观察天体。伽利略用这架望远镜所做的第一件事就是瞄准月球。那时，正统的天文学宣称，月球是一个完美的球体，像水晶一样光滑。然而，伽利略从望远镜里望去，看到的全然不是这么一回事。

伽利略望远镜

月球是一个表面凹凸不平的球体！伽利略为自己的发现感到震惊。他在《星际使者》中描述所见到的情景："新月之后四五天，当月球现出亮亮的尖角时，明暗两部分之间的界线，完全不是完美球面上那样的圆滑。相反，分界线并不平整，也不规则，充满锯齿形。"

在明暗之间的界线附近，明亮的区域里有些小黑块，阴暗区域中则有些亮点，随着界线移动，黑块减少，亮的部分增加。这现象恰如在地球上，当太阳升空时，山峰照亮的部分增加，山谷阴暗的部分减少。显然月球上有山！

月球上这些山峰和山谷，伽利略把它们描绘成"好似孔雀尾巴上的圆斑"，背着阳光的边缘上有一道黑色带，面向阳光的那一边则照得通明。这应是一些圆形的幽谷，四周围绕着山脉，也就是我们今天所称的"环形山"。

伽利略从确定影子的长度开始，终于算出这些山的高度。他认为某些山高达 7000 米，超出当时已知的地球上任何山峰的高度。月球比地球小得多，却有更高的山，因此月球表面更加高低不平，他还在自己写的书中绘了插图。

那么，既然月球表面如此高低不平，为什么它明亮部分的边缘呈如此完美的圆形，而不是锯齿状呢？伽利略这样回答：那是因为在明亮部分的边缘上（我们永远只能见到月球的一个侧面）有许多山脉并列着，在我们看来，一条山脉的凹陷部分被另一条山脉的隆起部分填满了，因而边缘部分就呈现出圆形。这就像波涛汹涌的大海，从远处看去，海面似乎是平的，因为所有的波峰高度相同，遮掩了隔开它们的波谷。

月球山谷

现代望远镜发明后，天文学获得了极大的发展。通过望远镜和光学分光镜，人们不但认识到月球是与地球相似的天体，而且发现两个天体的物质都是相同的。于是，许多人开始讨论地球的多样性问题，猜测其他天体是否具有像人一样的生命。

第三章 月球世界

月面地形

月面的地形主要有：环形山、月海、月陆和山脉、月面辐射纹、月谷（月隙）。

月球环形山

月球上坑坑洼洼的表面是在距今 38 亿~41 亿年前受到宇宙中的小行星或岩石的强烈撞击而形成的。环形山这个名字是伽利略起的，它是月面的显著特征，几乎布满了整个月面。撞击月球表面的太空岩石叫作陨石，环形山的深度、直径和特征都取决于冲撞而来的陨石的大小和速度。

月球环形山

最大的环形山是南极附近的贝利环形山，直径 295 千米，比海南岛还大一点。小的环形山甚至可能是一个几十厘米的坑洞。直径不小于 1000 米的大约有 3000 个，占月面表面积的 7%～10%。有个日本学者 1969 年提出一个环形山分类法，分为克拉维型（古老的环形山，环山上都面目全非，有的还山中有山）；哥白尼型（年轻的环形山，常有"辐射纹"，内壁一般带有同心圆妆的段丘，中央一般有中央峰）；阿基米德型（环壁较低，可能从哥白尼型演变而来）；碗形和酒窝形（小型环形山，有的直径不到 1 米）。

月球上的环形山，几十亿年来基本没有受到侵蚀，这主要有 2 个原因：①月球的地质不太活跃，因此这里无法像地球上那样由于地震、火山爆发和造山运动而形成千变万化的地形地貌；②由于月球几乎没有大气层，也就没有风和雨，因此表面侵蚀作用就很少发生。

月谷（月隙）

地球上有着许多著名的裂谷，如东非大裂谷等。月面上也有这种构造，那些看来弯弯曲曲的黑色大裂缝即是月谷，它们有的绵延几百到上千千米，宽度从几千米到几十千米不等。那些较宽的月谷大多出现在月陆上较平坦的地区，而那些较窄、较小的月谷（有时又称为月溪）则到处都有。最著名的月谷是在柏拉图环形山的东

月谷

南联结雨海和冷海的阿尔卑斯山的大月谷，它把月面上的阿尔卑斯山拦腰截断，很是壮观。从太空拍得的照片估计，它长达 130 千米，宽 10～12 千米。

月　海

　　月海绝大部分分布在月球的正面，只有3个分布在月球背面，4个在边缘地区。肉眼所见月面上的阴暗部分，实际上是月面上的广阔平原，也就是月海。由于历史上的原因，这个名不副实的名称保留到了现在。已确定的月海有22个，此外还有些地形称为"月海"或"类月海"的。在正面的月海面积略大于50%，其中最大的"风暴洋"面积越500万平方千米，差不多等于9个法国面积的总和。大多数月海大致呈圆形，椭圆形，且四周多为一些山脉封闭住，但也有一些海是连成一片的。其他海的名字分别是：雨海、静海、澄海、丰海等。关于月海和月坑的成因，大多数学者都主张陨石（或小行星和彗星）撞击说。据计算，雨海可能是由一个直径为20千米的小行星体以2.5千米/秒的速度轰击月表形成的，即所谓的雨海事件。"阿波罗14号"的登月舱正好在雨海盆地的冲击溅射堆积物上着陆，采集的岩石样品几乎全部由复杂的角砾岩组成并显示明显的冲击和热效应特征，这对雨海盆地的陨石撞击成因说是一个有力的证据。除了"海"以外，还有5个地形与之类似的"湖"，它们分别是梦湖、死湖、夏湖、秋湖、春湖，不过有的湖比海还大，比如梦湖面积7万平方千米。月海伸向陆地的部分称为"湾"和"沼"，都分布在正面。

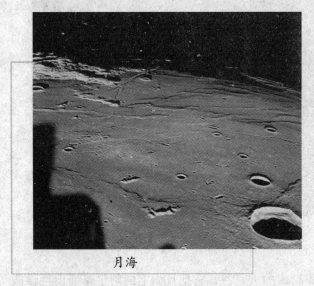

月海

湾有5个：露湾、暑湾、中央湾、虹湾、眉月湾；沼有3个：腐沼、疫沼、梦沼，其实沼和湾没什么区别。月海的地势一般较低，类似地球上的盆地，月海比月球平均水准面低1~2千米，个别最低的海，如雨海的东南部甚至比周围低6千米。

月面上高出月海的地区称为月陆，它一般比月海水准面高2~3千米，由于它返照率高，因而看起来比较明亮。在月球正面，月陆的面积大致与月海相等。但在月球背面，月陆的面积要比月海大得多。从同位素测定知道月陆比月海古老得多，是月球上最古老的地形特征。在月球上，除了犬牙交差的众多环形山外，也存在着一些与地球上相似的山脉。月球上的山脉常借用地球上的山脉名，如阿尔卑斯山脉、高加索山脉等，其中最长的山脉为亚平宁山脉，绵延1000千米，但高度不过比月海水准面高三四千米。山脉上也有些峻岭山峰，过去对它们的高度估计偏高。现在认为大多数山峰高度与地球山峰高度相仿，最高的山峰（亦在月球南极附近）也不过9000米和8000米。月面上6000米以上的山峰有6个，5000~6000米20个，4000~5000米则有80个，1000米以上的有200个。月球上的山脉有一个普遍特征：两边的坡度很不对称，向海的一边坡度甚大，有时为断崖状，另一侧则相当平缓。除了山脉和

月球上的山脉常借用地球上的山脉名

山群外，月面上还有4座长达数百千米的峭壁悬崖。其中3座突出的在月海中，这种峭壁也称"月堑"。

月面辐射纹

月面上还有一个重要特征，就是一些较"年轻"的环形山常带有美丽的"辐射纹"，这是一种以环形山为辐射点的向四面八方延伸的亮带，它几乎以笔直的方向穿过山系、月海和环形山。辐射纹长度和亮度不一，最引人注目的是第谷环形山的辐射纹，最长的一条长 1800 千米，满月时尤为壮观。其次，哥白尼

第谷环形山的辐射纹

和开普勒两个环形山也有相当美丽的辐射纹。据统计，具有辐射纹的环形山有 50 个，形成辐射纹的原因至今未有定论。实质上，它与环形山的形成理论密切联系。现在许多人都倾向于陨星撞击说，认为在没有大气和引力很小的月球上，陨星撞击可能使高温碎块飞得很远。而另外一些科学家认为不能排除火山的作用，火山爆发时的喷射也有可能形成四处飞散的辐射形状。

月表物质及内部构造

从月球表面采回的岩石样品分析大致可分为 3 类：①结晶质火成岩；②角砾岩；③月壤和玻璃粒。岩石类型有月海玄武岩、非月海玄武岩和富克里

普岩，其中已发现3种地球上没有的新矿物：静海石、铁三斜辉石和低铁假板钛矿。与地球玄武岩相比月玄武岩的 K_2O、Na_2O 和 Al_2O_3 含量较低，FeO 和 Cr_2O_3 含量较高。月岩不含水，无三价铁，但含金属铁和陨硫铁（FeS）斜长岩是月球上的古老岩石，主要由富钙的斜长石组成，含 Al_2O_3 约35%。月壤（直径小于1毫米的颗粒）由不同比例的结晶

月球角砾岩

质岩石、角砾岩碎片、矿物颗粒及玻璃组成。

月球表面的地质作用

从月面地形特征和月球样品物质组成的研究表明，火山及撞击成坑作用，对月表的形貌和月表物质的分布特征起重要作用，太阳风和宇宙线对月表物质起侵蚀作用。陨石体撞击月表时形成撞击坑，并引起基岩破坏、月壤和角砾岩的形成以及月表物质的再分配。月表物质的暴露年龄测定结果表明（见宇宙线暴露年龄）：月壤的平均暴露年龄约为 4.00×10^8 年，个别的可达 1.70×10^9 年；月岩的暴露年龄范围为 $1.00 \times 10^6 \sim 7.00 \times 10^8$ 年，绝大部分集中在 $2.00 \times 10^7 \sim 2.00 \times 10^8$ 年之间。在最近 3.00×10^9 年以来，很少或没有火山作用。

月球内部构造

月球没有磁场，局部月岩的剩余磁场强度约为 $6 \sim 300$ 纳特，表明月球内

部可能无金属核，月球中心的温度不超过1500℃。月震每年释放的能量约为地震释放能量的1/100万，其震源的深度为800～1000千米。月球是一个分异天体，它的内部构造大致可划分为：0～60千米为月壳；60～500千米为上月幔；500～800千米为中月幔；800～1000千米为月震带，1000～1600千米为下月幔；1600～1738千米（月球中心）为月核。月球深度1000千米以下为软流层，其上为岩石层。

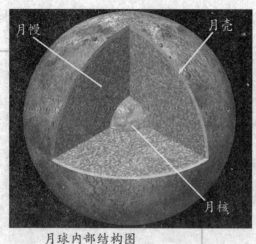

月球内部结构图

月球科考的"智能管家"

"嫦娥一号"卫星要探取月球的宝贵信息，就需要在地面上有一个"管家"，告诉其怎样使用各种科学探测仪器；当探测的信息源源不断从天外发回地球时，地面上的这个"管家"还要接收、处理和管理这些信息。这个连接着"天"与"地"的"管家"，就是"嫦娥工程"中的地面应用系统。

地面应用系统的核心

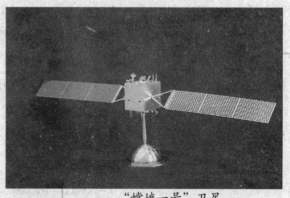

"嫦娥一号"卫星

任务是进行数据处理。以数据为纽带，地面应用系统分为5个分系统，即运行管理分系统、数据接收分系统、数据预处理分系统、科学应用和研究分系统、数据管理分系统等。

第一，运行管理分系统

该系统负责指挥调度数据采集。通俗地讲，运行管理分系统就像地面应用系统这位"管家"的"大脑"。"嫦娥一号"卫

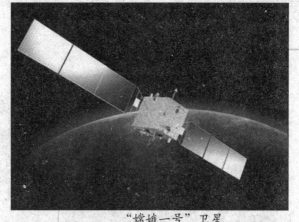

"嫦娥一号"卫星

星上的很多探测仪器就如各种"器官"听从"大脑"调度。研究人员通过运行管理分系统制定并分发各种计划，协调测控系统和整个地面应用系统的任务，完成预定的科学探测与实时数据接收、处理和各种探测产品的生成，以及天地对接试验和月球探测的在轨测试。

第二，数据接收分系统

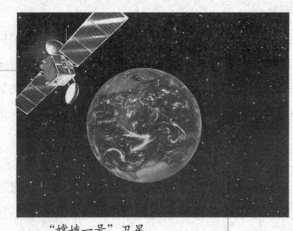

"嫦娥一号"卫星

该系统负责数据收集。在运行管理分系统的调度下，探测仪器采集的数据经过数据传输天线发回地面。"嫦娥一号"卫星的地面应用系统建设了2座大口径天线（射电望远镜）用于接收数据，位于北京密云的50米射电望远镜，是目前我国口径最大的数据接收天线；另

一个，位于云南昆明的 40 米望远镜。这两座天线把从"嫦娥一号"卫星传送来的信息全部收集起来，通过与天线配套的接收系统，送到落地存储系统中保存。

第三，数据预处理分系统

嫦娥一号发射

该系统负责数据预处理。通过天线接收的数据是二进制的，不是广大科学家能使用的图像、谱线等，还需要进行数据的预先处理。这个系统的最大特点是实现全自动化作业，像流水线作业一样按照预先设定的程序自动生产出合格的数据产品。这些产品就像工厂里的标准件一样，称为标准数据产品。

第四，科学应用和研究分系统

该系统负责数据深加工。通过预处理的数据是广大科学家都能识别的标准数据，但还不能为公众所理解。需要对这些数据产品进行"深加工"，形成直观地反映月球表现各种特征的图。这个系统是整个探月份工程数据处理的最后姨道工序，把"嫦娥一号"卫星传回的信息转变成看得见、摸得着，形象生动的图件和文章。

第五，数据管理分系统

该系统负责数据管理。从数据接收开始，到数据预处理和深加工，每一小工序都将产生大量的数据文件，数据管理分系统负责存储海量数据以便随时调用和长期保存。经过"数据编目"和"数据储存"后，"数据取出"是数据管理中更为核心的内容。在"取"的过程中涉及"身份认证"，用户只

探索太阳系

要通过身份认证，确认登记，就能根据自己的权限，获得相应的数据。

月震与月球的年龄

在"阿波罗"科学实验站里装设了很先进的月震仪器。经探测，月球上也有月震，但月震的次数比地震少得多，释放的能量也远远小于地震。月震很弱，最大的月震为 1～2 级。除了陨星撞击引起的震动外，当月亮离地球最近或最远的时候，由于地球的起潮力作用，常会出现月震。

许多国家的科学家对宇航员带回的月岩样品进行了多种项目的共同研究。经实验室分析得出：月岩中已发现近60种矿物，其中有6种在地面上尚未发现；在月岩和月土中发现了地球上的全部化学元素；没有发现可生

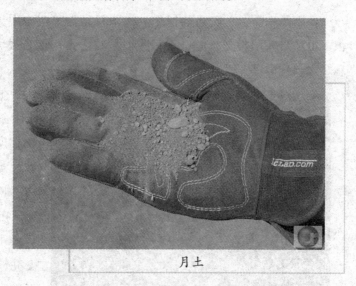

月土

存的月球有机物，也无古微生物的证据；在某些月岩中有微弱的剩余磁性；月球样品中存在许多太阳活动事件踪迹；根据样品的同位素分析，得出月球年龄约46亿年。

在大部分被月尘和岩屑覆盖的月球表面上，宇航员看到各种形状、大小、出现频率不一的岩石，还发现月球表面散布着一些具有光泽的玻璃物质。月尘在各处的厚度不同，薄的地方只有几厘米，厚的地方有 5～6 米。

第三章　月球世界

第四章 人类的生命之灯——太阳

太阳的形成

太阳是一颗十分普通的恒星。太阳只是浩瀚宇宙中无数恒星中的一颗，很多恒星与太阳类似，但也有一些恒星较之太阳而言或大或小，或冷或热。总之太阳是恒星中适中的一颗。

太阳

在 3.5 亿年前，地球上生命初开时，太阳与现在有所不同。从表面上看，太阳是浅黄色，比现在小 8%～10%，亮度只有现在的 70%～75%。此后太阳慢慢变大、变热、变亮，持续了 3.5 亿年，但比不上仅持续了 1～2 个世纪的"温室效应"。

今后 50 亿年，太阳仍然保持稳定。太阳以后可能会由于氢的燃烧比现在略大、略热、略亮，此后，地球会有很大变化。50 亿年后，太阳的氦核越来越大，最后坍塌，燃烧成为碳元素，表层的氢继续转化为氦。氦燃烧反应产生的能量将把光球层外推，太阳变为一颗红巨星，吞并水星和金星，并到达地球轨道。太阳红色的表面依然，但会越来越冷。地球仍会被太阳的热量熔化。

太阳变为红巨星以后，还有更多的变化。太阳晚期，光球层也被推开，变成一圈气体和尘埃，又叫行星状星云。随着核反应的停止，太阳变为一颗地球大小的白矮星。太阳的直径将从现在的 129 万千米变为红巨星时的 32190 万千米，再变为白矮星时的 12800 多千米。随着核燃料的耗尽，太阳逐渐冷却，由白依次变为黄、红，最后成为一颗暗星。

行星状星云

太阳的运动轨迹

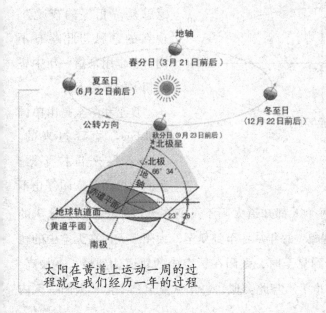

太阳在黄道上运动一周的过程就是我们经历一年的过程

太阳从东方升起，从西方落下，这样的情况一年只有两天。问一个人早上太阳从哪儿升起，他或者她通常会回答：从东方升起。同样他或者她通常也会说：晚上太阳从西方落下。事实上，一年中只有两天，太阳是从正东方升起，从正西方落下，即春分和秋分。从春分到秋分，生活在北半球的人看到太阳从东偏北的地方升起，从西偏北的地方落下。在夏至时这种现象尤为明显，太阳从东偏北最大的方向升起，从西偏北最大的方向落下。从秋分到春分，生活在北半球的人看到太阳从东偏南的地方升起，从西偏南的地方落下。在冬至时这种现象尤为明显，太阳向南偏离得最远。生活在南半球的人看到的情形与我们正好相反。

太阳在黄道上运动一周的过程就是我们经历一年的过程。正如一年中太阳的升降方向不断变化一样，每天同一时刻太阳在天空中的位置一年中也不断变化。夏至日，当太阳从东偏北最大的方向升起，从西偏北最大的方向落下，太阳在天空中走过了一年中最长、最高的轨道，因此夏至日是一年中白天最长的一天。相反，在冬至日，当太阳从东偏南最大的方向升起，从西偏南最大的方向落下，太阳在天空中走过了一年中最短、最低的轨道，因此冬至日是一年中白天最短的一天。在春分和秋分日，太阳走过了长短，高低适中的轨道，因此这两天昼、夜一样长。

探索太阳系

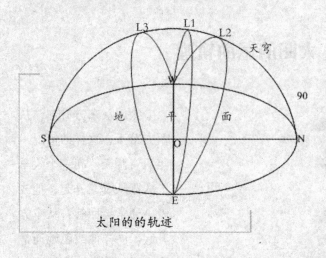

太阳的的轨迹

春分和秋分是由单词"equinox"翻译过来的。"equinox"来自拉丁语，意思是"相等的夜晚"。现在的意思与此略有不同，它也用来指一年中昼夜相等的那两天。

夏至和冬至是由单词"solstice"翻译过来的。"solstice"来自拉丁语，字面意思是"太阳停止不动"。这需要解释一下，每个人都知道太阳不可能在天空停止不动，这里的"solstice"是指这样一个现象：每年从冬至到夏至，太阳一天内在天空中的轨迹越来越长，越来越高，到夏至时，太阳在天空中的轨道达到最长、最高，即太阳往北的运动趋势停止了。与此类似，每年从夏至到冬至，太阳一天内在天空中的轨迹越来越短，越来越低，到冬至时，太阳在天空中的轨道达到最短、最低，即太阳往南的运动趋势停止了。

许多文明都与太阳在天空中的位置和轨迹密切相关。在索尔兹伯里平原上，在新石器时代竖立的史前巨石柱至今已有 3000 多年的历史。今天，这些史前巨石柱仍然十分准确的标志出太阳在分点和至点升起及落下的方向。1000 年前，有个本土的美洲人定居点科胡基亚，在密西西比河岸靠近今天圣路易斯的地方。今天科学家在那里的地面上发现这儿曾有一圈木桩。直到今天，霍皮人（美国亚利桑那州东南部印第安村庄居民）和安第斯山脉的土著人仍用平顶山和山峰记录下太阳升起及落下的方向。他们之所以这样做，实际和精神上的原因都有。太阳在天空中位置的变化即反应了天历，又告知人们何时耕种，何时收割以及何时举行重大的宗教仪式。

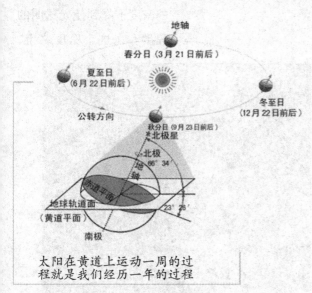

太阳在黄道上运动一周的过程就是我们经历一年的过程

太阳的轨迹在天空中的变化是由于地球自转轴的倾斜造成的。当地球绕太阳公转时，地轴始终与轨道面保持倾斜。在夏至日的北半球，倾斜轴偏向太阳，因此太阳在天空中的轨道达到最高。6 个月后，在北半球，倾斜轴偏离太阳，太阳在天空中的轨道达到最低。而在春分和秋分日，倾斜轴即不偏向太阳又不偏离太阳，所以太阳在天空中的轨道高低适中。以地球为标准，太阳比地球大的多。我们见到的太阳，直径有 139 万千米，如果把太阳比作一个金鱼缸，则需要 100 万颗地球大小的大理石才能填满。

太阳的化学成分十分简单。太阳包含了宇宙中所存在的大部分元素，但

第四章　人类的生命之灯——太阳

太阳主要是由最简单的元素氢组成。实际上，氢和氦组成了太阳质量的99.9%，其他的氧、碳、氮、铁等元素只占0.1%。

太阳光球层

我们见到的太阳的表面实际并不是一个面。在我们看来，太阳似乎有一个固体的表面，并且有一个可测的边界。真实情况是：太阳是一个由气体组成的球体，没有固体的表面。我们看到的边界，只是由于在那儿，太阳气体的密度下降到使光透明的程度。在这个密度之上，

太阳是不透明的，因此我们看不到太阳内部。虽然我们现在了解到这些，但天文学家仍然把这一不透明的边界当作太阳的"表面"，称作光球层。顾名思义，在光球层内，太阳放出的光子可以最终到达我们的眼睛。

太阳中心看起来要比边缘亮。这一现象称作暗晕，是由于我们看的太阳中心比边缘更厚，并且温度也更高。

太阳的颜色可以告诉

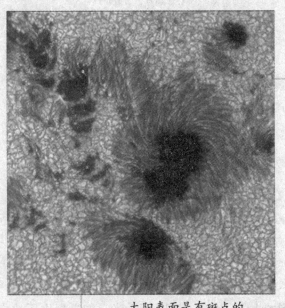

太阳表面是有斑点的

探索太阳系

我们它的表面温度。如果我们把一根铁丝伸进火炉里，烧几分钟后拿出来，会发现它发出暗红色的光。此时测量它的辐射温度，大约 2760℃。如果我们把它放进火炉多几分钟，再拿出来，发现它发出亮黄色的光。此时测量它的辐射温度，大约 6090℃。此时铁丝的颜色与太阳十分接近，太阳表面的温度也大约是 6090℃。与此类似，其他恒星的颜色也暗示出各自的表面温度。如红星温度较低，蓝、白星温度极高。

太阳表面是有斑点的。望远镜观测的图像显示，太阳的斑点好像镶入水泥地上的鹅卵石一样。这是因为我们看到许多气体单元的顶部，这些亮的区域与美国得克萨斯州大小相仿，是热气流喷射上升的区域。而暗区域是冷气流下沉的区域。因为表面斑点的现象与米汤相似，我们又称其为粒状亮斑。

太阳的斑点聚成一团。通过研究太阳表面的大尺度运动，我们得出：斑点聚成巨大的、粗糙的多边形区域。物质常从区域中心涌出，向各个方向流动，在边缘又沉落。该区域常延绵到 32200 千米，我们又把它叫作超大斑点。

太阳黑子

太阳表面还有黑子。中国的天文学者早在公元前 2 个世纪就记录下太阳表面的黑子。而在西方，1800 年后才由伽利略通过望远镜观测到黑子。我们今天已经知道，黑子是太阳表面有强磁场限制和热气体减速的地方。气体减速导致温度下降，这一区域就更暗，这是对比而言的。如果我们把黑子挖下来，放到夜空中，它将

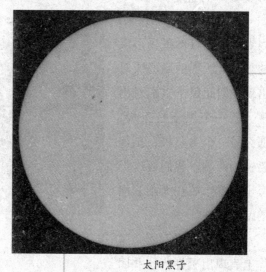

太阳黑子

第四章 人类的生命之灯——太阳

比最亮的星还亮。黑子中央黑影部分被称作暗影，黑子周围较浓的浅灰区叫作半影。

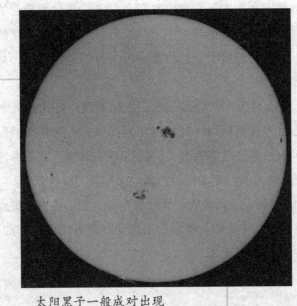

太阳黑子一般成对出现

黑子的出现、消失有周期性。在 19 世纪中叶，一个业余天文学家 Samuel-Heinrich Schwabe 发现太阳表面的黑子数不是常数，而是由少到多又到少，有个周期。平均下来大约 11 年一个循环。最初，黑子出现在每个半球纬度 30 度的地方，接着黑子增多，向赤道蔓延。最后黑子变少，在纬度 5 度的地方消失，如此周而复始。最近一次的黑子最多时是 2001 年，预计下一次在 2012 年。

太阳黑子成对出现。因为黑子是自然磁场形成的，而自然界的磁场成对出现，因此黑子也成对出现。若一个黑子是正极，那么另一个为负极，正如磁铁的两端。我们可以把黑子对看作放在太阳表面的蹄形磁铁。

黑子常聚成一团，整体上表现出磁性。这些团

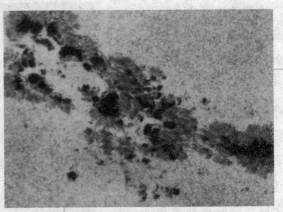

很多黑子达到了地球大小

簇可以由两对或更多的黑子组成。如果团簇的一端是一极，相对的一端是另一极。如果太阳的北半球是正极，则在南半球的一端为负极。

太阳的磁极在每个黑子周期颠倒一次。每11年，太阳的两极磁性颠倒，整个太阳的磁性也随之颠倒。因此，从磁性的角度来考虑，黑子周期应为22年而不是11年。

黑子很大。很多黑子达到了地球大小，黑子团簇能在太阳表面绵延16万千米。

部分人认为太阳黑子数量的变化能影响地球的气候。天文历史记录显示：1645～1715年，黑子数量相对较少。气象记录显示：同一时期欧洲大部分地区的冬天更长。这能说明问题吗？另有一些人，据称也找到树木年轮与太阳黑子周期的相关性。

最近科学家似乎发现了太阳黑子对气候的影响。斯坦福大学的 Sallie Baliunis 博士找到了依据：太阳黑子数与太阳释放出的总能量有关，进而影响到地球的气候。值得一提的是统计数据有偶然性，并被诸多因素所影响，因此不能提供直接的证据。当提到诸如太阳，地球气候等复杂问题时，统计数据都应该被深入研究。

太阳耀斑与极光

太阳表面经常发生强烈的爆炸。这种爆炸就是我们看到的耀斑，能在短短几秒内释放出上百万颗原子弹的能量。当耀斑发生时，太阳的大气层会被吹出一个巨大的洞，并发出十分强烈的光、电磁

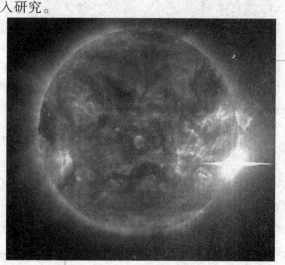

太阳耀斑

第四章 人类的生命之灯——太阳

波，高能 X 射线及数以百亿计的带电粒子，这种现象被称作太阳风。当太阳黑子最活跃时，耀斑和太阳风也发生的最频繁最剧烈。

耀斑能引发地球上一些有趣的现象。从太阳吹向地球的带电粒子在几天内到达地球，这些粒子被地球磁场俘获，最后以几万千米/秒的速度坠向大气层，其结果产生了地磁暴；干扰地球的磁场，使指南针不停摆动，对广播也有影响；使输电线的断路开关受损；使地球两极出现极光。

我们所见的南、北极光是地球大气与太阳大气接触的结果。当太阳风吹出的带电粒子到达地球时，它们与地球周围油炸圈饼状的巨大磁场相作用，地球磁场使这些粒子改变方向并引导它们落到地磁场的南北两极，以接近光速的速度与地球的外大气层，撞向我们头上数英里的氧和氮原子，当碰撞发生时，这些空气中的原子将会发光，这即是我们说的南极光和北极光。

探索太阳系

太阳极光

极光有不同的种类和颜色。有时极光看起来是无定形的粉红色，在天空中一闪而过；有时极光看起来像窗帘或挂毯，在空中慢慢起伏，随风飘荡；有时极光仿佛是从高处喷出的一条辐射线。极光可以是白色、暗红色、桔黄色、绿色或蓝色，这取决于带电粒子自身的能量及撞击的空气中原子的种类。极光有时仅仅持续几分钟，有时却持续一整夜，这取决于太阳风的强度及持续时间的长短。

民间传说给出了极光颜色的许多解释。一些爱斯基摩部落认为极光是他们已故的祖先的灵魂在空中奔跑，用海象的头骨玩一种球赛；在古老的中国，极光被认为是天上的龙在打斗；维京人认为极光是黑暗天空中的火炬发出的光，指引新的灵魂到达瓦尔哈拉殿堂。

一年中没有最适合看极光的时间。极光不会在一年中的特殊季节发生得更频繁。因为它是由太阳风引起的，所以极光的周期和强度与太阳黑子的活动周期相关。当太阳黑子活跃时，极光会更亮、发生更频繁，当太阳黑子不活跃时，极光出现的更少。下一次的黑子活跃期大概是 2012 年，届时将可能有南、北极光。

南北极光并不是在南北极方向发生更频繁。从太阳发出的带电粒子并不是被准确的引导到地球两极，而是围绕地磁的两极成环带状，极光就经常发生在这一环带上。以北极光为例，包括阿拉斯加，加拿大北部到接近东南部的地区及北太平洋，还有斯堪的纳维亚半岛的北

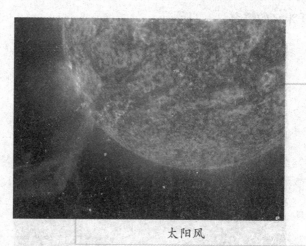

太阳风

部，俄罗斯北部。从人造地球卫星上看，极光像是围绕地球的一条光带，有极光的区域能膨胀或压缩，但在美洲大陆却不一样，在加勒比海地区等低纬度地区甚至也看到了极光，但这种现象毕竟很少。南极光经常发生在南极洲大陆外的环带上，因此不易被看到。

极光

极光经常在两个半球同时发生。太阳风吹出的带电粒子撞击地球大气层时，它们受磁场力作用，在南北磁极间运动。这些粒子的速度极快，当他撞到阿拉斯加上空的氧原子，下一秒就已经撞到了

南极洲上空的氧原子。因此，极光常常同时出现在两个半球，并且具有相同的形状。

极光发生在离地面 80～160 千米的空中。正是在这样的高度，从太阳发出的带电粒子最容易与大气中的氧和氮原子发生碰撞。从太空中看，这一说法是很有依据的。从宇航员偶然拍下的照片上看出，极光像是挂在地球上 80 千米高的窗帘。

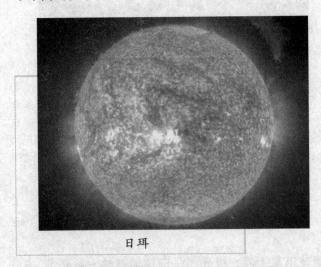

日珥

一些有强磁场和大气层的行星也有极光。哈勃空间望远镜的图片显示，土星和木星有极光。旅行者探测器的数据显示，海王星、天王星很可能也有极光。

太阳上的"一天"时间不一样。与地球一样，太阳也有自转，但跟地球不同的是太阳不是固体，因此不同的纬度转速不一样，在太阳赤道，转一圈要 25 个地球日。纬度越高，转速越慢，在靠近两极的地方，转一圈要约 31 个地球日。在地球上，在你南面的地点无论多久都在你的南面，但在太阳上，这不成立。越靠近赤道，转的越快，就会滑向东边。这是流体的情形。

太阳像是空间的一块巨大的磁铁。与地球类似，太阳内部好像有一个巨大的磁铁，这磁铁产生了巨大的磁场，在太空中绵延数亿千米，并控制周围热气体的流动。每隔 11 年，在黑子活动周期的开端，磁场南北极会颠倒一次，而太阳自转轴保持不变。

探索太阳系

色球·日冕·太阳风

太阳也有大气层。在太阳可见表面或光球层之外，有一个炽热的带电气体组成的大气。大气的内层叫色球层，因为这一层有粉红的颜色。色球层有11万千米厚，并且比光球层热，温度在6093℃～16649℃之间。

从望远镜中看去，色球层像是燃烧的大草原。色球层会射出巨大的热气流，叫日珥，横跨800千米，高达1600千米。日珥数以百万计，像是从太阳表面射出的火焰。太阳变化的磁场使由带电粒子组成的日珥像风中摇摆的麦穗。让人联想到燃烧的大草原的景象。

色球层之外是太阳的大气外层。这一层又叫日冕，是由色球层顶部的带电气体组成的纯白色区域。其内部是日珥从太阳表面升起的舌头状的燃烧气体的云，延展到数千英里。

天文学家用特殊的仪器去研究日冕的内部。这一特殊仪器就是食仪。它实际上就是一个用不透明的圆盘挡住光球层发出的强光的望远镜。这种仪器只能放在空气干燥，大气稳定的高山上。在这种环境下，科学家们看到了日珥的一部分。

日冕外部只能在更特殊的环境下观测。这儿的

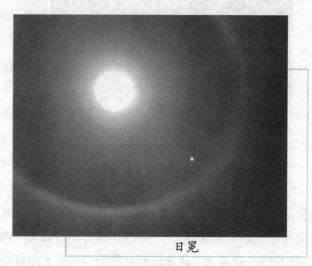

日冕

光线更加黯淡，只有当日全食中，月亮挡住了太阳光球层和日冕内部的光那一小会儿时间才能观测。这也是为什么天文学家对日食感兴趣的原因之一，

第四章 人类的生命之灯——太阳

让天文学家有机会研究太阳大气。

地球是在太阳的大气中"游泳"。在日全食中，我们发现太阳大气有太阳的数倍直径那么厚，几乎包含了整个太阳系，所以这些行星，包括地球，在公转时都是在太阳的大气层中运动。这一关系在南北极光现象中得以体现。

一部分日冕的温度达 222 万℃。但你到那儿会被冻死。这好像自相矛盾。在此之前，我们必须先区别温度和热量。生活中我们常常把这两个词混为一谈，认为热量大就一定有更高的温度，但到了太阳大气层，这就不适用了，因为组成日冕的气体太稀薄了，比地球实验室里制造的真空还稀薄。

现在我们提到物体的温度，实际是指物体中原子或分子的平均运动速度，速度越大温度越高。但是热量是指物体原子和分子的总能量。既然太阳大气的气体如此稀薄，每立方米的原子很少，所以每立方米的热量也很少，尽管其中原子的速度很快，温度很高。因此尽管温度很高，但在那儿仍会被冻死。

太阳色球

太阳正在不断的消耗自己。恒定的粒子流从太阳中不断喷出，即太阳风，遇到耀斑时，太阳风会加强。这些粒子落到地球、其他行星以及相邻的恒星上。宇航员没有感受到太阳风是因为其中的粒子太细小了。

某一天，太空船会在太阳风里航行。预言家已经预见了薄的塑料口袋代替干洗袋的趋势。我们可以想象，由铝制的仅 1 个分子厚的太阳船将会足够大、足够轻，能利用太阳风来航行。作为兴趣阅读，Arthur C. Clarke 的短篇小说《来自太阳的风》，这是关于从地球到月亮的第一次太阳帆船竞赛的故事。

太阳的能量

太阳和它的行星是同时诞生的。它们是 46 亿年前一团巨大的气体和尘埃形成的。在内部，重力逐渐结束了物质的紊乱状态，在气团中心，温度逐渐上升，到达一定高温时，就形成了太阳。一些小物质团也形成了，并围绕中心转动，这就是行星及彗星、各自的卫星。

太阳经过 46 亿年，已经有了很多变化。通过研究其他恒星，天文学家发现太阳在几十亿年前比现在更冷，并且看起来呈桔黄色。早期的地球从太阳那儿得到的光和热要比现在少。经过几十亿年，太阳变成了现在的模样———一颗黄色的稳定的恒星。

太阳辐射

太阳之所以稳定是因为它内部进行的是平衡反应。太阳每天是一样的（除了黑子数量），既不会变大也不会变小。这是由于贯穿整个太阳内部的平衡反应。重力是太阳形成的第一个因素，它使气体和尘埃坍塌。到一定时候，坍塌会停止，因为温度到达某一点时，太阳的核燃烧起来，产生巨大的热压力，与重力相平衡。现在，太阳内部每一点的压力与重力都平衡，因此太阳相当稳定。如果不是这样，地球上的生物不会这么繁荣。

太阳中心是相当热的。太阳表面温度不冷，它内部的温度更高，能接近 166 万℃。

第四章　人类的生命之灯——太阳

太阳是空中的大型核电站，辐射出能量。太阳通过核聚变反应辐射出大量能量，包括光线。地球上的核电厂是通过核裂变反应放出能量（如铀变为更简单的原子，并发出能量）。太阳是通过合并简单的原子而放出能量。科学家更喜欢进行聚变反应，因为聚变比裂变环保，不会放出放射性废料。但科学家们一直还没创造出能引发聚变反应的高温。

太阳创造能量是通过一个反应实现的。太阳通过熔合宇宙中最丰富最简单的氢原子成为氦原子放出能量。在太阳内部，每秒钟有 6 亿吨氢被转化为氦，400 万吨物质被转换为能量，按爱因斯坦质能关系 $E = mc^2$，E 是放出的能量，m 是损失的质量，c 是真空中的光速，由于光速很大，损失的质量也大，每秒钟放出的能量是一个天文数字。这些能量到达太阳表面，以光和热的形式发射出来，即太阳辐射。

虽然太阳产生了巨大的能量，但它仍然遵守一个宇宙中的质量和能量守恒定律。这一定律是说在任何的物理过程中，质量与能量之和为常数，不管是蜡烛的燃烧还是恒星的辐射。太阳产生了巨大的能量，同时也失去了等价的质量。

伽马射线示意图

太阳内部漆黑一片。虽然阳光十分耀眼，但它内部却不能产生光。因为太阳内部核反应产生的能量太高，是由伽马射线的形式传向外部，但人眼看不到伽马射线。所以如果我们能看到太阳内部，那将会是一片黑暗。

伽马射线传向太阳表面的过程中，逐渐变为可见光，到达光球层后，穿过宇宙空间最后进入我们眼睛。

一旦辐射离开太阳，将传播的非常快，但一旦可见光到达光球层，将再 8 分 20 秒内穿过 1.5 亿千米到达地球。因为我们的宇宙十分空旷，没有阻挡。

但太阳内部，对辐射是不透明的，太阳中心核反应产生的伽马射线要经过成千上万年才能从太阳内部传到光球层，并变为可见光。虽然最后 1.5 亿千米只要 8 分 20 秒，但最初的几万英里却花了很长时间。

太阳的保温系统比家里或办公室的更好。虽然我们不想住在太阳内部，但太阳的保温系统的确很不错。太阳内部的温度比表面温度高几百万度，而厚度大概 8 万千米，这意味着在太阳每 7.62 米厚的温差比家里或办公室的更小。这样渐变的温差能使伽马射线传出太阳内部，但这一过程花费很长很长的时间。

日食景观

出现日食的原因是什么？当地球、月亮、太阳在一条线上，月亮又在地球、太阳中间时，就形成了日食。如果我们在合适的地方，就会看到月球的影子滑过地球。

日食时月球总是新月，但并非每次新月都有日食。否则每月都有一次日食。如果月球的轨迹比太阳高一点，月球的影子将会错过地球，没有日食发生。日食主要依赖于地球、月球的轨迹与太阳的位置。

日全食

日食分日偏食、日全食、日环食。月球仅仅遮住太阳的一部分，就是日偏食；月球遮住了整个太阳就是日全食；由于月球轨道是椭圆，离地球有时近、有时远，当月球离地球较远时，只能遮住太阳的中间，太阳光球层仍然可见，像一个金色的环，这就是日环食。

月全食能被住在地球同一边的人看到，但日全食的见证者却十分幸运。日偏食能被地球上大片区域的人看到，但日全食只有很窄的一个带能看到，叫全食带。月球的影子划过地球，从西端开始，以1600千米/时的速度滑过地球，最后从东边消失。这一片区域就是全食带。

日偏食

只有在全食带的人才能看到日全食，其他的人只能看到偏食甚至什么也看不到。

日食是令人敬畏的自然景观。如果你有幸见到了日全食，你将终身难忘。全食从新月状开始，当月球接近太阳时，地面明显变暗，并有奇怪的色彩。全食前，光带和暗带竞相追逐，光球层还未被遮挡。全食只是一瞬间，由于太阳白色的大气日冕. 使太阳看起来像天上

日环食

的黑洞。天空中的亮星和部分行星可见。月食来也匆匆，去也匆匆，持续时间短，但我们一定会记得我们曾在月亮的影子下。

日环食与日全食持续时间不同。日全食持续时间取决于你所处的位置和

月球所处的位置。月球轨道是椭圆而不是圆的，就是说月球离地球有近有远，看起来的也时大时小。如果全食时月亮离地球近，月球看起来比太阳大一点，持续时间约1分半，如果全食时月亮离地球近，月球看起来不比太阳大，因此出现了日环食。如果你打算去看日全食，尽可能在全食带中部，因为那儿日全食时间会持续更长。

天文学家想到了一些方法来延长观测。一些天文学家与自然抗争，他们在飞行器上安装天文仪器，跟着月球的影子飞行，这样，他们人为的延长了日全食的时间一个多小时。

地球是太阳系中能看到日全食的唯一行星。我们能看到日全食完全是巧

日食观测

合：比太阳小400倍的月球正好比太阳离我们近约400倍，故太阳与月球在天空中看起来一样大，这为日全食创造了可能性。在太阳系，没有其他行星能看到日全食，因为这些行星的卫星不是太小，就是离行星太远，不能完全挡住太阳。因此我们看到日全食这一壮观的自然景象是自然造就的。

对古代人而言，日食是十分可怕的。如果你能了解太阳对粮食耕种、日常生活的影响，你就会关心天上的太阳为什么突然不见了。中国古代认为日食是因为一条龙吞掉了太阳，其他的文明也认为这是不祥之兆，有许多"解决方法"：打鼓、朝天空射箭、拿物或人祭祀等。

日食能被准确的预言。我们知道地球和月球的轨道，也知道太阳的运动，我们预言日食能准确到分钟。日食有周期性，如遵循沙罗周期6585.32天，其间，共有71次各种日食发生，周而复始，但地点有所不同，每个沙罗周期有0.32天余下，这时地球又自转了117度，这可以用来修正，但不是很准

第四章　人类的生命之灯——太阳

确。正因为地点不同，所以尽管日食有周期，但很多人不知道，所以必须全球调查日食，而不是看一个地点的日食记录。

据传，曾经有一次致命的日食报告错误。这是说公元前2世纪的古代2个天文家由于一些原因没报告日食。那时的中国帝王认为自己是天子，十分重视天象，认为那是上天给的暗示，因此他请了一批天文家定期观测天象。那时彗星和流星不能被预言，但日食是可以预测的。两位天文家没有告诉帝王日食这一重大天象的发生，帝王盛怒，将两人斩首示众。那时的天文学家比现在危险得多。

探索太阳系

日食观测

日食期间，太阳不会发出任何特殊的射线。日食的观测常常被曲解，太阳不会预知地球上日食的发生，不会发出其他的射线，因此日食时待在室外并无害处。但看日偏食时应该凝视还是匆匆一瞥呢？日食时太阳光虽比平时弱很多，但如若直视，对眼睛还是有伤害，可能损伤眼角膜。人们由于好奇心，会凝视或斜视太阳。当然，日偏食还是很刺眼的，如果你看太阳久一点，没等你反应过来你的眼角膜已经受损。日食时眼睛受损不是因为太阳的异常，而是人们由于好奇而没注意保护措施。

日全食的观测十分安全。只有在日全食时，我们才能裸眼看太阳。全食期间，太阳的几乎所有光线都被挡住了，只有日冕可见，而日冕的光亮仅相当于满月。所以这时的光我们可以接受。但是光球层的细小部分的光就足以伤害我们的眼睛。因此在日全食过程中还是有安全措施的好。以下几点应该注意：

无论日食发生与否，都不要用眼睛直视太阳；

不要用所谓的"墨镜"；

不要用"太阳镜"，甚至几个叠放也不行；

不要看太阳在镜子或水面的像；

用 14 号焊接镜看太阳；

用有特殊涂层的迈拉镜观看，这可以从著名的天文馆或科学博物馆获得；

构制一个孔式投射器。

以上的建议能方便大家看日食。

日全食中有些有趣的现象。如果你在全食带附近，注意中午天空中光线的变化。当太阳被渐渐遮挡时，天空不仅会变暗，还会出现奇异的色

北极星

彩。温度会下降几度，会起风，鸟儿以为太阳下山了，准备栖息。整个日全食中，月亮戴上了一条项链。当日全食开始时，我们看到太阳的光球层的光不断沿着月球边缘绕行，直至包围月球，这时，月亮看起来好像戴上了一条项链，边缘的亮光点叫做贝里珠。

太阳和恒星有什么不同

从表面上看来，太阳和恒星没有丝毫相同之处，甚至二者"不共戴天"：太阳一出来，星星便销声匿迹。太阳是那么明亮，岂是小星星可以比拟的？但这又是一种表面现象，科学告诉我们，恒星都是遥远的太阳，太阳是恒星中的"普通一兵"，二者并无本质的区别。在恒星世界中，太阳根本是毫不起眼的一般恒星，肉眼所见到的星星中，大多数都比太阳更大、更明亮，表面温度也更高。拿亮度只能排在第47位的2等星北极星（小熊 a，中国称"勾陈一"）来说，虽然其质量只是太阳的2倍多，但它的半径着实了得：为5400万千米，比太阳大了77倍！太阳在它面前实在是"小"得可怜了。

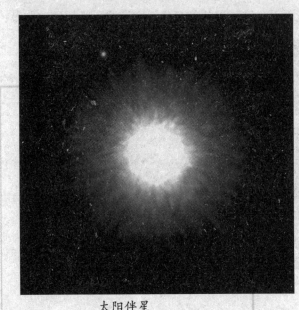
太阳伴星

太阳伴星

瓦特认为，每隔2600万年，这颗伴星就会来到离太阳最靠近的地方，它那巨大的引力虽然不能影响太阳，但却给太阳系的行星、彗星以巨大影响。尤其是，太阳伴星的引力扰乱了彗星的大本营——奥尔特云，迫使彗星飞出轨道，四散逃逸，引起密集的彗星雨。据计算，那时总共有10亿颗彗星掠过太阳系，有20～30颗星体会与地球猝然相撞。这一期间，地球进入灾难深重的岁月，一大批生物在劫难逃。

这种伴星扰动理论得到了一些事实的支持。首先，美国芝加哥大学的学者在编纂化石时发现，地球上的生物发生过多次大灭绝，每次灭绝使地球生物的 70% 以上永远消失。大灭绝后，幸存者又度过一段兴旺发达的时期，然后将会有一次新的灭绝。如此周而复始，每次灭绝的间隔时间为 2600 万年。

天体撞击图

地球永远处于周期性循环的灾难之中，你知道为什么吗？因为，太阳有一个"妻子"，这个"妻子"严重影响了太阳系里的行星。

银河系里的恒星大都是成双成对的，例如那明亮的天狼星，就有一颗黑暗无光的伴星围绕着它不停地旋转。每当这颗黑暗的伴星运行遮住天狼星时，天狼星就周期性地失去耀眼的光辉。从这一现象出发，一位聋哑天文学家预言了天狼星伴星的存在，100 年后，其他天文学家才终于发现了它。

然而，我们的"万物之神"——太阳，却显得如此孤单，虽然有好几个儿女围绕膝旁，但是，"老伴"却在哪儿呢？

别着急。其实，天文学家们早已做出预言：我们的太阳也有"老伴"！

美国路易斯安那州大学的科学家丹尼尔·瓦特就认为，太阳也有一颗伴星，它的质量大约是太阳的 7%，这颗伴星是一颗漆黑无光的白矮星，它没有

第四章　人类的生命之灯——太阳

光，没有热，寂寂地绕日旋转，由于它绕日一圈的周期约为 2600 万年，因此至今未被人们发现。

天体撞击图

其次，美国伯克利大学的阿尔法教授调查了分布全球的陨石坑的年代，发现它们也具有明显的周期性。每次陨石高潮期的间隔，接近为 2600 万年，特别是，生物大灭绝的高峰也正是陨石坑的高峰，二者同步发生，不谋而合。

矿物学家们也找到了天体与地球碰撞的矿物学证据。美国地质调查局的科学家在发生大灭绝的地层中发现了一种晶体，它是以互相半行的方式结晶的石英颗粒，这种石英晶体只有在撞击或核爆炸条件下才可能发生。核爆炸是近代的事，排除了这种可能，所以，显然地球曾发生过天体撞击。另外，地质学家们在发生大灭绝的地层中找到了丰富的铱。据认为，这是天体撞击爆炸造成的尘埃降落而成的，撞击次数越多，天体上的铱含量越丰富。

究竟存在不存在这颗伴星，归根到底不能靠推测，而得靠发现。目前，美国的天文学家们正努力寻找这颗推测中的星星。如果人类真的发现了这颗伴星，那么，太阳系的"版图"就要作一次重大修改。如果这颗伴星真的存在的话，那么地球上的生物，包括人类在内，都将面临一次考验，不过，那时的人类可能早就飞出了太阳系，在银河系的一个更加美好的星球上生活了。

探索太阳系

第五章　内太阳系——行星的世界

水　星

　　水星是离太阳最近的一颗行星。水星离太阳表面的平均距离仅 5800 万千米，是太阳最邻近的行星。

　　水星既冷又热。白天，在太阳的直射下水星表面温度达 426℃，能熔化锡和铅；晚上温度可以降低到 – 176℃。其主要原因是它没有大气保温。

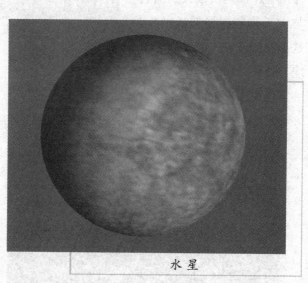

水星

　　地球上看水星，它像个小型探测器。水星很小又靠近太阳，使我们难以观测它。太阳刚落下，它也落下；太阳刚升起，它也升起。它的微小使得观测它的表面十分困难。水星与地球最近时在地球与太阳之间，但朝我们的这一面还没被太阳照亮。

　　水星只给了我们昏暗的阴影，我们只有一个大概的草图，此时天文学家对水星日多长还有争议。1974～1975 年，我们对水星的认识有了飞跃。"水手10 号"空间探测器三次从水星表面传回了关于水星的大大小小多幅照片，在水星表面行走了近320千米。传回了几百张生动的照片及地形图。

水星与月亮有所异同。乍眼看去，水星与月球十分相似，由成千上万的弹坑覆盖，但不如月球上的密集，并且比月球上的更平坦。这可能是由于水星没有太多的玄武岩平原。明显的是，月球上有伽利略环形山，水星上有冲击谷，都是由很久以前与大天体的碰撞造成的。这个冲击谷被一圈山脉环绕，长约1280千米，像一支巨大的公牛眼睛。

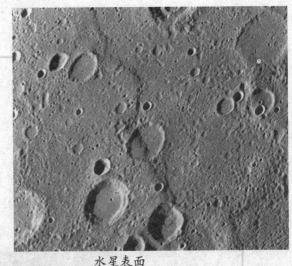

水星表面

水星上也有许多"不可思议的地形"。这不是描述性的说法，而是人们对那些地方的实际称谓。这个名字来自它所展示出来的纵横犬牙交错的模样。这片区域与我们发现的部分正好处在水星上相对的方向并不只是个巧合，而是由它内在原因。事实上，那些来自太空中的形成的物体在撞击水星时所产生的地震波在整个水星上传播，最后汇聚在与撞击部位相反的地方，形成了这种地形。

水星环形山

水星上的悬崖是从环形山直穿过去的高达 2 千米，绵延长达 300 千米的峭壁。其中已知的最壮观、最大的是"发现之崖"。

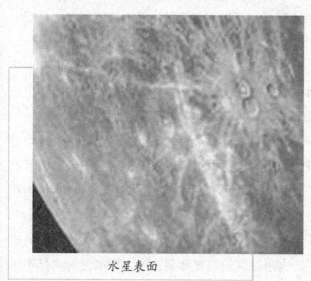

水星表面

水星上的悬崖地形可能与地球上的类似地形的形成方式不同。地球上的悬崖常常是由于直到今天还在继续的地壳板块运动的结果。可是水星上并没有这种板块构造的地形，很可能取而代之的解释是，水星内部深处的活动造成了这种地形。科学家们的理论是这样的：当水星年轻的时候，它应该有一个熔融状的内核，随着时间的推移，其内核开始凝固收缩。这种收缩并不是均匀各向同性的，从而造成了水星外壳上有的地方塌陷，有的地方隆起，形成今天水星那让人过目难忘的奇特地形。

水星的磁场比地球的磁场要弱 100 倍。但是这磁场仍然足以证明水星内部埋有一个直径 1100 千米的大铁核。这个铁核使得水星的平均密度要比地球大很多。

水星只需要地球上的 88 天就可环绕太阳 1 周，所以，88 个地球日是水

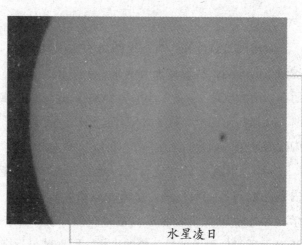

水星凌日

星上的 1 年的长度。可是水星自转的非常慢，需要 59 个地球日自转 1 圈。这两种运动的组合意味着对于水星上的观察点来讲，从一个"满月"到下一个之间所流逝的时间是 176 个地球日，所以水星上的一天的长度事实上是其上面 1 年的 2 倍。

水星在绕太阳公转时，自转轴会来回摆动，并且水星的公转轨道是一个特别椭的椭圆。这两个原因加起来造成水星上某些地方会看到奇特的日出现象：太阳在早上升起，然后停在半空中，又顺着原路落了回去。

水星上也许保留着太阳系起源的线索。最近，雷达探测到水星极地附近环形山内有亮的反射斑。科学家推测这是由很久以前撞击水星的彗星留下的冰层造成的。这些冰层在环形山内得到很好的保护，有可能保留有 46 亿年前原初太阳系组成的物质形态、元素组成的信息。

水星的小质量使得它在早期很难有足够的引力吸引住它的大气层。更进一步，它与太阳离的太近了，水星过高的温度和强大的太阳风使得水星不可能保留住它的大气层。没有空气和水，就像我们的月亮一样，水星一直是一个拒绝生命存在的星球。

金　星

金星就是最漂亮、最常见的启明星和长庚星。因为金星的公转轨道在地球轨道的内侧，从地球上看起来，金星在太阳的两侧摇摆。因此，金星日落后在西南天空待 1~2 个小时，然后又在日出前跑到东方的天空呆上几个小时。在那些时间里，除了太阳和月亮外，金星也可以成为天空中最亮的物体，闪耀着紫色的柔光。

相比太阳系中的其他行星，金星与地球走得要更近些。金星是太阳系由内到外数的第二颗行星，它那近似圆形的公转轨道距太阳表面有 6700 万千米。大概每 19.5 个月金星从地球旁边经过一次，这是它与地球的距离只有 2600 万千米。而地球另一侧的火星，距地球最近则有 3500 千米。所以说，金星是与地球走得最近的行星。

很长时间来，金星被称作地球的"姊妹星"。金星的直径仅仅比地球的直径小408千米，加上金星的公转轨道与地球很相近的事实，使得人们有理由相信金星不太可能与地球的构造有很大差异。早期的科幻小说家幻想着金星上充满了水，然后演化成一个由恐龙统治的混乱的世界，然后到有高级工们居住的星球。但是当科学数据积累后，科学家知道，

金　星

这两个星球的共同点只有那差不多大小的尺寸而已。

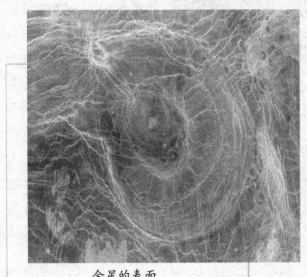
金星的表面

金星并不是地球的"姊妹星"，它更像是个悬在空中的地狱。早先人们用望远镜观测到金星上持续变化的很精细的结构。不久，人们明白了金星完全被银色的云彩包围着，人们完全看不到它的表面。这面纱使人们可以尽情的想象，那面纱的底下是不是有蒙娜丽莎的迷人微笑？可是，科学探索发现金星的大气里没有充足的可供

生命呼吸的氧气，而是富含着温室气体——二氧化碳。这个发现最终使得科学家完全放弃了金星可能与地球很相似的那一点点希望。

金星的云层有很精细的结构。金星上层大气有一种精致的条纹样式，使人们联想起地球上喷气式飞机喷出的气体尾巴。那实际上是以非常快的速度绕金星转的气流，大概每4天绕金星1圈。

金星的云层

当前苏联和美国的宇宙探测器于20世纪70年代和80年代造访金星时，都发现了一个让地球人窒息的金星大气，它的表面大气压是地球大气压90倍。而那里的温度，不管白天还是黑夜，都在470℃左右。更惊人的是，在金星的大气中找到了比汽车电瓶中的硫酸还要浓的浓硫酸液滴。古罗马人被金星发出的漂亮的光所感动，遂以他们的爱和美的女神的名字 Venus 来给金星命名。可是现代的天文学家们更喜欢以"太阳系中的地狱"来称呼它。

金星上气温非常高，使得那里是不可能下雨的，但是硫酸雾还是会发生的。就像地球的云层主要是由水蒸气构成的一样，小硫酸液滴是金星云层的主要组成部分。最近的宇宙探测器的观测表明，金星大气中的硫酸所占比例有上升的趋势。金星上活动频繁的火山向大气中喷入了巨量的硫化物，这可能是酸液的来源。

金星上的温度有如此之高是很容易用温室效应来解释的，同时也可以用来分析经典的温室效应。从太阳来的光有一部分透过了金星的大气层，落到了金星的表面上，被金星上的岩石和土层所吸收。岩石和土层升温后，又把一部分热量重新辐射到了金星的大气中。这些热量有一部分被大气吸收，也有一部分又被反射或是散射回地面上。就这样，大气层起到了保温的效应。高密度的大气把热量不偏不倚的传向整个星球，使得整个星球的昼夜近乎没有温差，也没有类似地球上的赤道和极地那样的温差。

与地球上的云相比，金星上的云层所处的位置的要更高一些。地球上大多数的云都分布在距离地面 7 ~ 8 千米的地方，而金星上的云层却高耸到距离星球表面 40 千米的地方。在那之下还会有 2 ~ 3 层云或薄雾，但是到海拔 19 千米以下地方天空就不会有云了。由于只有一小部分太阳光可以穿过金星大气，金星上的白昼不像地球上这样明朗，其亮度很像地球上的阴天。

金星的物体大部分看起来也是橙黄色的

几个世纪以来，金星的云层让我们不能得到金星表面的真实图像。随着大功率雷达的发展，我们可以通过从地球上，或是围绕金星运行的探测飞船上的雷达探测到金星的表面形状和物质组成。通过接收、分析金星表面反射回来的电磁波，我们已经可以绘制金星的表面图，类似地球上足球场大小的物体都在图上标了出来。另外，几艘俄罗斯的飞船已经成功克服了高温高压，降落到金星表面，并且发回了它们着陆点附近的岩石标本图样。

第五章　内太阳系——行星的世界

金星表面不像月亮和水星那样布满环形山，在很多地方是绵延起伏的巨大平原。另一些地方有一些山脉和高原，大多数的高度和地球上的山脉相比有些逊色。不过，其中最高的麦克斯韦尔山，高 11270 米，比珠穆朗玛峰还高。两个叫做"α 区"和"β 区"的山地区被认为是有很多火山口的地区，其中一些火山可能具有周期性的喷发活动。

金星的表面

金星上也有一些环形山，不过大多数都是火山口，而不像月球上的环形山是与星球外飞来的物体相撞击产生的。这主要是因为金星有浓密的大气保护，金星外飞来的物体大都在与大气摩擦的过程中烧尽了。

从拍摄的金星上的照片来看，金星的天空是橙黄色的，云也是橙黄色的；金星上的物体大部分看起来也是橙黄色的，有的微带绿色，蓝色的很少，金星的世界真是一个金黄的世界。科学家认为，这是由于金星大气吸收了太阳光中的蓝色部分，使得金星看上去是一个金黄色的世界。

金星上有独特的"薄饼"状的火山岩丘陵。那些火山岩丘陵，每一个绵延约 15 千米，很可能是熔化的火山岩浆从地面上的裂缝涌出，而后又退了回去所遗留在地面的产物。

金星的演化方式与地球有天壤之别。金星上太热，以至于不可能在它上面形成液态水，也就没有河流、海洋了。地球的原初大气也有很多二氧化碳，就像今天的金星一样。但是，地球上的二氧化碳都被海水吸收了，防止了温室效应的失控。金星就不一样了，它上面的二氧化碳将永远留在大气中，造成了温室效应的失控。

很多地质学家相信金星表面和地球在 1 亿岁时的表面是一样形状的。在那时，地球上的火山开始喷发，地壳相对来说还很薄，地壳下的熔浆开始向外溢出，造成了地壳板块的运动。

水星和金星都没有它们自己的卫星。在 18 世纪初，有几个天文学家发现了金星有一颗卫星，并为它命了名。事后不久，人们发现那只不过是由于它们使用的望远镜有问题，如果他们有更好的望远镜就"发现"不了那颗卫星了。

金星每 4 个月就会从地球与太阳之间穿过，天文学家称这种现象为"内行"。因为地球与金星公转轨道并在不同一个平面内，所以金星并不总是从太阳正表面上穿过。金星从太阳表面正上方上穿过称为金星"凌日"，人们用肉眼就可看到有一个小黑点从太阳上缓缓经过，那个小黑点就是金星。上一次是 2004 年 6 月 8 日，下一次将是 2012 年 7 月 6 日，再往后就要等到 22 世纪了。

火 星

古希腊人叫它阿瑞斯（希腊神话中的战神），波斯人叫它尼尔高，罗马人称它马尔斯。人们经常把距离太阳第四近的火星同与他们掌管战争的神联系起来。主要原因是，火星看上去是红色的，让人联想起血的颜色。实际上，这红色来自于不是那么红的金星图中的氧化铁、硅酸盐等。简单地说，火星生锈了。

火 星

当天文学家开始用望远镜观测火星时，他们没有感到像观测金星时的那样失败。因为，火星的大气非常干净，只是偶尔会有云，所以天文学家可以直接看到火星表面。他们看到的是橘红色（并不是真的红色）的荒漠世界，其中散布着黑色的大陆状的斑，和两个若隐若现的极冠。

火星表面

当人们可以看到火星的表面特征后，就可以测火星的自转周期了。火星上的一天有 24 小时 37 分，比地球略长半个小时。火星的自转轴与它的公转平面有一个 25.2°的夹角（黄赤交角，地球的黄赤交角是 23.5°），这使得火星上也有一年四季的变化。由于火星围绕太阳公转一圈约 2 年（地球上的年），火星上的各个季节长度也相当于地球上季节长度的 2 倍。

火星

火星上季节的更替可以从极冠的变化看出来。每年到一个半球的春季时，该半球的极冠就会收缩变小。产生黑色的纹漫延到赤道，有人猜测这是极冠的冰化成水，随着水从极地流向赤道，火星上的植被开始了新一年的生长。当然，后来证实这个猜想是错误的。

火星的公转轨道椭得非常厉害。它离太阳的平均距离是 1 亿多千米，可是在一个火星年中，它离太阳的实际距离会有 3000 万千米的变化（对地球来说，这个变化距离只有 300 万千米）。

地球以更快的速度绕太阳转（因为它离太阳比火星近），大概每 2 年从火星附近经过。天文学家把这个过程称为"冲"（古中国天文学家命名，西方人把它称为 Opposition，即"相反，对面"的意思，指这时火星在天上处在与太阳相对的位置）。在冲的时候，火星整夜可见，它也处在离地球最近的地方，所以这个时候是我们观测这颗红色星球的最好时机。

有一年，一个意大利天文学家乔·斯基亚巴雷利报告说，在一个非常好

火星观测天文台

的火星冲的观测中，他发现了火星表面上有河流状的黑暗条纹，他把那些条纹称为"通道"。不久，其他天文学家也观测到了那些条纹状的东西。这个消息也激励了一大批人加入观测火星的行列。其中之一，美国人 Lowell 在美国的亚利桑纳州建了 Lowell 天文台，专门用来观测火星。

Lowell 把那些通道当成是火星上智慧生物修建的运河，用来把极冠溶化的水引向他们需要的地方。这个消息轰动了全球。

火星上有智慧生物的想法立时成了 19 世纪末科幻小说的主题，他们描绘

第五章　内太阳系——行星的世界

113

了各种火星生物的形态和他们的生活方式。"火星通道"也成了最流行的东西。人们绞尽脑汁，用各种方法给火星人问候的信息，让他们知道地球上也有人居住。想法从点燃巨大的通信的狼烟，到上万人在撒哈拉沙漠上同时举起镜子把太阳光反射向火星。1892 年，法国科学院悬赏 10 万法郎给能和火星人联系上的人。当时，人们认为 10 万法郎太多了，因为和火星人联系是如此容易的任务。

1898 年，H. G. Wells 出版了他的新书《世界大战》：火星人不甘居住在满是沙漠的火星上，他们把贪婪的目光瞄向了绿色的地球。在 1938 年的万圣节（基督教的宗教节日）前夕，他们发动了战争。当然，这是虚构的，但还是有很多人看完之后感到毛骨悚然。

在 20 世纪四五十年代，关于火星上生命是否存在的争论仍在继续。有一些声誉卓著的天文学家

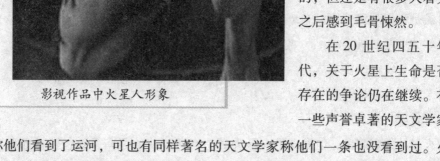

影视作品中火星人形象

称他们看到了运河，可也有同样著名的天文学家称他们一条也没看到过。火星大气和火星温度的科学分析结果也开始让人们对火星生命的存在产生了疑问。

测量表明火星赤道地带的温度白天有 28℃ 左右，晚上就下降到零下132℃，这主要是因为火星的大气很薄，不能保持火星上的热量。这种气候是不适合生命存在的。

当然，我们不是亲自去的。我们是派我们的探测器飞船去的。在 20 世纪

60年代中期，美国的"水手4号"飞掠火星，它发回来的照片显示火星上有许多环形山、火山和沙漠。这让那些期待火星生命的人彻底失望了。70年代，其他探测器进入了环绕火星的轨道，前苏联的"火星3号"还放出了着陆舱在火星上着陆，更为详细的观测了火星，以图发现火星上的生命迹象，可他们一无所获。

前苏联的火星3号

塔塞斯高地几乎有北美洲那么巨大，比周围的平原高6千米，是这个星球上最年轻的（约20亿~30亿年）地区，因为这里有很多巨大的活火山。

虽然火星的直径只有地球的1/2大，表面积只有地球的30%，可是它却拥有一大批值得自豪的自然奇观。"水手9号"从巨大的沙尘暴中首先看到的是几座巨大的熄灭的火山顶部。其中最大的火山是"奥林匹斯之雪"，可以覆盖整个科罗拉多州（美国的一个州）。它的火山口直径有55千米。

火星上的地貌

第五章 内太阳系——行星的世界

火山的高度主要是受它所在星球的重力决定的。这是因为火山的高度是受它支持自己重量的能力决定的。金星和地球的大小和质量相似，所以其上的火山高度相当。火山上的重力只有地球的38%，所以它上面的火山高度有2.5倍地球上的高。

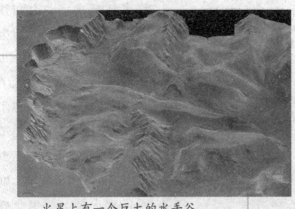

火星上有一个巨大的水手谷

火星上有巨大的峡谷，其中最大的是"水手谷"。此峡谷绵延5000多千米，宽200千米，比周围地面低6~7千米，谷壁十分陡峭，它比地球上最大的峡谷——科罗拉多大峡谷（长46千米，深1.8千米）大得多。它不是由于水的冲蚀形成的，而是由于地质断层形成的。

约有1/4的火星表面有环形山分布，特别是在南半球。实际上，这正好是地球上来的探测器掠过的地方，所以给了人们留下火星很象月球的印象。火星上的环形山比月球上的浅，而且很少有直径小于3千米的火山存在，这都是风蚀的结果。

从火星上海拔最低的贺拉斯盆地到海拔最高的泰瑞斯高地，海拔相差了21千米。在地球上，从

火星尘暴

探索太阳系

最低的马里亚纳海沟到珠穆朗玛峰只有 12 千米。

除了水手谷能和 Lowell 的火星运河地图对应上外，造访火星的探测船没能发回任何运河的照片。那些"运河"，被证实为望远镜的光学像差，只存在于那些想观测运河的天文学家脑中。火星运河的例子表明训练有素的科学家是怎样愚弄他们自己"看到"他们想看到的东西。

被很多天文学家看到的火星上季节更替现象到底是什么？那些从极冠到赤道地区蔓延的黑色纹被证实是由于火星上的季风带着浅色的灰尘覆盖黑色的岩石，或者把浅色的灰尘移走所造成的颜色变化。

火星大气很薄，以致液体水不能存在。极冠包

火星极冠

含有冰和干冰，可是在火星上的春天，极冠不会融化，而是直接气化。水雾有时会形成，可是没有火星雨下。简单的说，火星比撒哈拉沙漠还干燥。

火星上的恶劣气候仍不足以使一些科学家放弃火星上有生命存在的希望，因为地球上就有生命生存在那样恶劣的环境中。在 1976 年夏，美国的"海盗 1 号"和"海盗 2 号"着陆在火星的表面，它们都可以挖掘火星上的岩石并且分析岩石组成。可是没有积极的结果发现。

因为美国的"海盗"探测器没法移动，只能检测它的着陆点附近是否有生命存在的证据。所以并不能否认其他地方会有生命存在的证据。而且它们只是检测是否有类似地球的生命存在的迹象，也许火星生命的组织方式与地球生命的不同。可是，"海盗"没有发现有机物的存在，有机物被科学家认为是生命存在的必要物质。因此，总的来说，这些结果还是被科学家接受为火星上不存在生命，至少在着陆点不存在生命的结论。

尽管已经熄灭了，火星上的巨大火山在长年累月的喷发中还是给大气提供了充足的二氧化碳。充足的二氧化碳可以保持火星的温度在一个更高的水平上，而更高的温度就为液态水的存在创造了条件。实际上，火星上确实有像被河流冲蚀的河道存在，而那些河道大小与地球上的主要河流相仿。

　　火星极冠中的水并不足以提供那些曾经流遍火星全球的水。大多数科学家认为，火星上的水以冻土层的形式存在，即水存在于土中。

　　月球环形山周围的地面是干燥的岩石和灰尘组成的混合物，可是火星环形山四周似乎有液体流过的痕迹。这就是火星表面下的冻土层在高温下液化的表现，它支持了冻土层存在的假想。

"探测者"飞船

　　地球公转轨道形状的逐渐变化造成了地球上周期性出现的被冰雪覆盖的冰河时期，然后再解冻的现象。同样的道理对火星也适用，火星轨道也在变化，目前它很可能处在它的冰河时期，等到解冻回暖的那一天，火星上的春天也许就会回来了。

　　两艘"海盗"号飞船（"海盗1"和"海盗2"）传回来的成千上万张照片中有一幅非常引人注意的有趣照片，那是一个非常像人脸的岩石照片。不幸的是，这张照片被许多伪科学者利用大造声势。这件事的解释也很简单，这只是一个巧合，就像你在看一朵云时，会联想到很多不同的事物，像动物呀、物品等一样，你再看岩石和它的影子组成的复合图像时，也会感到它像某种你所熟悉的东西。而这张照片会让你联想到一个人的脸的图形，没什么奇怪的。

　　美国的两艘探测飞船将从 1997 年开始到火星进行探测。"火星全球探测器"在 1997 年 9 月进入火星轨道，它的照片可以看清火星表面 5 米左右的细节。同时，通过确定火星上的重力分布情况，它也会探测确定火星上的矿藏分布。

　　"探测者"号飞船于 1997 年 7 月 4 日着陆到火星表面，并放出了一个机器人探测器"逗留者"对火星表面的岩石进行详细分析。同时，"探测者"会每天记录着陆点的天气情况。通过互联网，你可以查到火星每天的天气报告。将来，美国和俄国还会有飞船莅临火星进行考察活动。

火星

　　没有飞船从火星上带岩石回到地球来，可是仍有科学家相信他们拥有的岩石是从火星来的。原因是 20 年前的"海盗船"探测器曾经分析了火星的岩石特点，其中有一些特征与地球上的岩石特征是很不相同的，所以那些科学家相信他们拥有的是火星石。这些火星石可能是在一次火星被撞击的过程中散落到太阳系中，然后长途跋涉来到地球。

　　这些岩石有和水相互作用过的特征，大多数携带有盐和黏土。总的来说，它们帮助确认了火星曾经有一个更厚的大气层，表面上流淌过水。在 1996 年，一个科学小组发现其中一些岩石中有由于火星的原始生命造成的微结构进一步的检测。

第五章　内太阳系——行星的世界

人类"第二方舟"——火星

人类为什么要探索太空？人类是否真的需要移民外星球？国际权威的科学杂志在回顾太空探索历史时回答了这个问题——人类逃不过地球生物有灭绝周期的命运，所以必须未雨绸缪，寻找可供生存繁衍的天外"第二方舟"。

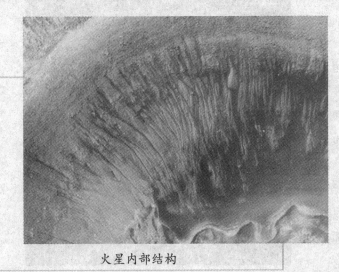

火星内部结构

我们舒服地生活在一个行星上。在太阳将地球烤焦前，我们还可以在这儿继续生活若干年。那么，人类在地球上生活 1 万代后，将会变成什么样子？通过研究太平洋岛屿上的土著，我们发现随着时间的流逝，一些部落已经失去了航海穿越大海的能力，我们会不会因为拒绝探险而面临同样的命运？这其实并不是什么新话题。在当代最伟大的理论物理学家霍金看来，这个问题的结论很简单：我们必须寻找另一颗可以生存的行星。根据他的观点，我们最多还有数千年的时间来寻找。

科学家预测，根据地球生物的灭绝周期，人类最短 1500 年，最长 780 万年就要因为某种未知灾难而从地球上消亡。地质史显示，地球历史上的大灭绝事件可说是家常便饭，恐龙只在地球上存在过几百万年，哺乳动物平均地只在地球上繁衍了 200 万年的时间。人类也许已经征服了地球，但在宇宙中来说，地球只不过是个微不足道的"孤岛"。根据科学经验，任何局限于孤岛

探索太阳系

中的物种，很快就会被列入濒危动物的名单。

拯救人类走向灭绝的方法之一，就是移民外星球。不过科学家也无法预知，在人类有能力移民外星球前，是否就已经会先遭遇不可观测扑面而来灾难，导致大灭绝。

有一件事可以肯定，那就是 50 亿年后，太阳将变成一颗红巨星，即使太阳到时不会吞没地球，也会将它烤成焦炭。在此之前，人类可能已在一场小行星或彗星撞地灾难、一场气候巨变灾难、一场核灾难甚至一场病毒爆发中走向毁灭。

人类离开地球，比如在火星创造一个自给自足的殖民地，就可以增加人类在宇宙中生存的概率。也许 1000 年后，人类的火星后裔会发起移民外太空的挑战。

根据哥白尼法则，人类在宇宙中的位置并不是

哥白尼

第五章 内太阳系——行星的世界

独特的，那么人类必将会在某个时刻灭绝。根据统计学理论，人类会在本种族已经进化时间的 1/39 时间内到 39 倍的时间内遭遇灭绝灾难，这一概率发生的可能性是 95%。根据贝叶斯定理统计学技术，也得出了和哥白尼法则相似的结论。

即使以 780 万年计算，780 万年的人类寿命相对于还有 50 亿年的太阳寿

命来说也显得太短了，所以一些科学家称，人类必须在走向灭绝之前，先在太空中找到可以赖以生存的"第二地球"，让人类种族能在那儿繁衍。有了征服外星球的能力和经验，人类才能在茫茫宇宙中走得更远。

人类移民外星球的首选是火星。由于火星拥有重力、太阳能，以及生命赖以生存的所有化学物质，所以火星完全可以成为一个能自给自足的人类外星基地。在火星地底下10米处生活，可以帮助人们免受宇宙射线和太阳风暴的影响。

火星的地表

火星与地球在地理特征上相比有很多相似之处。它有高山，有峡谷，有平原和高原。

火星南、北半球的地形有着强烈的对比：北方是被熔岩填平的平原，南方是曾受过多次撞击的古老高地。在地球所见到的火星表面，根据不同的反照率而分为2种区域：布满尘埃和沙土的平原因为富含红色的氧化铁，而曾被幻想为火星上的"大洲"。而黑暗的部分曾被认为是海洋。地球上能看见的最大的暗区叫"大流沙"。

火星外表呈现火红色，火星的直径相当于地球的半径。体积只有地球的15％。质量只有地球的11％。地表温度白天有28℃，夜晚低至零下132℃。

火星"心里有底"

美国宇航局火星勘测轨道飞行器拍摄到火星上的一个黑点，科学家表示这个黑点可能是火星表面一个深洞或地下洞穴的入口。但最新的研究称这个洞穴并非之前所认为的深不见底，可能只是一处凹陷，不能成为未来宇航员的庇护所。

2007 年 5 月 5 目，美国宇航局的火星调查轨道器用随机携带的高清晰科学实验成像照相机，拍摄了一张火星地表照片，天文学家正是通过这张照片第一次发现这个 150 米 × 157 米的黑色区域。从高处垂直向下观测，这个黑色斑块没有显示出四周有墙壁

火星地表

和底部的迹象，因此一些负责高清晰科学实验成像的科学家开始怀疑这是一个洞的入口。

这一发现引起了极大的轰动，因为这么大的洞穴可能是寻找生命现象的最佳地点，这是因为它们阻止了太阳发出的强紫外线辐射。它还能为未来登陆火星的人类提供庇护所。然而，这张新图片显示，这个黑色区域可能只是火星表面的一处凹陷，只不过凹陷的四壁与地面垂直而已。

现在人们还不清楚这处凹陷有多深，因为科学家通过图像并没发现它的底部。但是"高清晰度科学实验成像"科研组表示，它可能至少有 78 米深。当夏威夷地下深处的熔岩慢慢枯竭时，在火山相交处形成了相似的"深坑"，导致叠加的岩石向下坍塌，形成四壁。虽然这个特殊的图像最终证明不是一个洞穴的入口，但是火星上可能有尚未被人发现的"熔岩管道"——当地下熔岩被排干后，有时就会形成很长的、管道形状的洞穴。

火星上应该有一些坍塌的熔岩通道，因此用不了多久，一些保存完好的洞穴可能会呈现在我们的眼前。科学家已经设计出小型跳跃式机器人，将来可以用它研究火星洞穴。

探寻火星生命

对地外生命的探索是当代科技的重大问题。根据对地球生命的产生和发展研究，科学家找到了生命产生和存在的 3 个要素：有机物、水和温度。有机物是构成生命的基本物质，温度提供生命活动的能量，水是生化反应必须的介质和内外的环境。自从20世纪60年代发现星际有机分子到现在，我们已经在星际空间、流星、彗星上发现了各种各样的有机分子，从简单

火星是太阳的第四颗行星

的甲烷到复杂的氨基酸。可以认为，有机物在我们周围的宇宙空间中是很多

的，足以满足产生生命的需要。据此，有的科学家甚至提出地球生命起源于地球之外的观点，比如，有人推测地球上的早期生命是彗星带到地球上来的；温度也不成问题，银河系约有1500亿颗像太阳一样的恒星，恒星周围的地带都沐浴在恒星温暖的光芒里；三个条件中最不容易满足的是水，只要找到水，我们就有相当大的把握断定，寻找生命存在。特别在太阳系里面，寻找生命的首要任务是找到水，有水就有可能找到生命。

火星是太阳系第四颗行星，一个世纪以来，火星一直是人类视线的焦点。因为火星是太阳系中最像地球的行星。火星的直经约6750千米，是地球直径的1/2多一点点，把它和地球并排放在一起，看上去就像一个乒乓

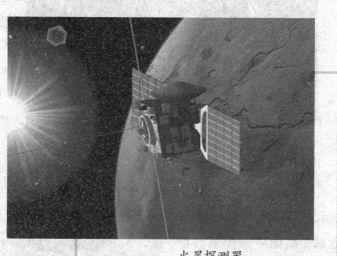

火星探测器

球放在一个大苹果旁边一样。它的质量只有地球的1/10。火星上每年有687天，每天有24.5小时。像地球一样，它也有南、北极的"冰帽"（极冠），也有春、夏、秋、冬。当然，由于它离太阳比地球远1.5倍，所以，在它的赤道上，中午最热时只有−21℃，而在两极半夜最冷时可达−103℃。从宇宙角度来看，它和地球之间的这点差异可以算作微乎其微。无怪乎科学家都把发现地外生命的希望寄托在火星上。

要在火星上寻找生命，首要的任务也是找水。但是，火星的引力太小，几乎拉不住空气，火星上的大气非常稀薄，其密度大约和地球上30～40千米高空的一样。所以，火星表面保存不住液态水，它们会很快蒸发掉。从火星传回的照片上可以看到火星表面荒芜而凄凉、遍地是红色的细沙和砾石。狂

探索太阳系

风起时沙尘满天，甚至遮蔽了整个星球。从 1997 年起，人类开始重返火星，宇宙飞船给我们发回来了丰富的资料，使我们对火星的认识和了解进了一大步。但是，真正给我们带来振奋人心的好消息的，是美国的"奥德赛"火星探测器。它于 2001 年 4 月 7 日发射升空，同年 10 月 23 日深夜进行环绕火星轨道。

"奥德赛"火星探测器

"奥德赛"的一个重要任务就是找水。它携带了高能中子探测器和中子分光仪，其功能是详细探测火星的近地表层，确定火星地表以下 2 米内的含水区域。高能中子探测器能够探索测出火星地表中子流的动能差别，并近捕捉到中子释放出的热能，进而判断水的存在。

2002 年 3 月，"奥德赛"探测器发现，从冰冷的火星南极绵延至南半球纬度 60 度处、从冰冷的火星北极至北纬 50 度之间，甚至北纬 30 度附近都有水的分布，尽管这些水分只覆盖了很少的火星表面。

火星上发现有大面积水的分布

科学家发现，火星上的水呈固态，这冰冻水在炎星地表以下 1～2 米、甚至更深的地方，其厚度超过 1 米。与火星南半球的冰冻水相比，其北半球的冰冻水更厚，分布更广。

火星上发现大面积水的分布，是近年来火星控测的最大收获。它告诉我们，火星很可能有生命存在，这是最鼓舞人心的。其次，它预示着今后人们到火星上去探险，可以不用从地球上带水去，这将大大减轻飞船的重量，节省大量的能源。火星水以固态存在于地表之下，也解开了长期以来困扰科学家的一个难题：火星上的水是从哪儿来的，又流到哪儿去了？研究表明，大洪水是火山爆发，随岩浆喷发出大量的水分，加上熔岩的热量又使大量地表的固态水融化而形成的。这些水分一部分蒸发散失到太空里，另一部分通过疏松的火星表面渗入地下，又重新冻结并存储起来。

这样看来，赖以生存的水源在火星上确实存在过，火星生命的存在不仅仅只是科学幻想而已，一切都还有待于科学家的探索与发现。

"水星" 变火星

有的科学家认为，火星上曾拥有面积约占该行星 1/3 的大片海洋。火星北半球 2 条长长的、类似海岸线的岩石带边缘被认为是最有力的证据，但也有专家争辩说，两条岩石带边缘多有起伏，无法说明它们就是古代海洋遗留的、理应平缓的海岸线。

一个令人吃惊的小小突破使上述观点有了重大转变。

有科学家曾宣布：由于火星的大幅度倾斜，一度平坦的海岸线遭到扭曲变形。火星岩石带的扭曲隐藏了曾经存在海洋的确凿证据，毕竟火星的海洋已经消失了长达 20 亿年之久。

该研究的发起人之一、加州大学伯克利分校的泰勒·佩伦说，火星上现存 2 条主要的海岸线各几千千米长，一条是由较古老的阿拉比亚海遗留的，另一条是由较年轻的都特罗尼斯海遗留的。阿拉比亚海当时的蓄水量可能是现在地球南极冰蓄水量的 2～3 倍。沿线的某个地区朝北倾斜 50 多度，火星很可能失去一些水，因而都特罗尼斯海露出了海岸线。佩伦指出，海水量太大，不可能全部蒸发到太空。因此我们认为火星上仍存在地下水库。

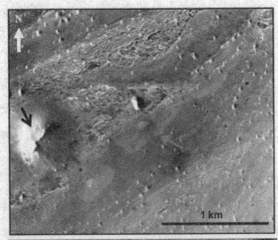

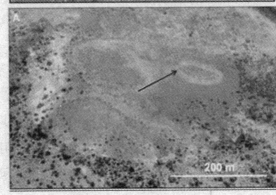

火星阿拉比亚海

遗留下的海水可能一直存在于曾经是阿拉比亚海的低洼平原地带下，但是该低洼平原朝北倾斜了近 40 度。

当行星自转的时候，最沉重的物质往往会朝赤道地区移动，因为沉重的物质在赤道地区是最稳定的。地球也是这样，在赤道地区有着凸出的地形。火星上多火山的塔西斯地区是沿火星赤道的一片广袤的隆起地带，证明了行星自转的作用原理。

佩伦说，这正是该发现特别有力的证据所在。10 亿多年以前发生了这样的情况：火星上质量的分布导致失去平衡的部分移向赤道，使大范围的火星海岸变形。佩伦称，他们发现了移动路线的迹象，该迹象跟海岸线的变形相吻合。

在向心力的作用下，一颗行星接近赤道地带的表面呈现相对平坦的隆起地形。但是在赤道地带以外地方，岩石会表现得富有弹性，常常起皱，就像正在放气的气球表面。佩伦和他的研究小组推测，火星的海岸线一度在赤道附近，在随着倾斜的星球向北移动的过程中变形为起伏不平的岩石高地。

该小组的另一研究者马克·理查兹指出，像火星和地球这样的行星都有一个弹性外壳，这种固体表面是可发生变形的，发生变形的方式可以预测。该行星研究小组通过对变形部分进行计算，发现这些山脊曾经是平坦的，正像海岸线一样。海佩伦和他的同事们还不能确定是什么引起了火星的倾斜，但他们认为这是地表以下的力量所致。地表覆盖物可能经历过大规模的变化，致使火星变成了目前的地形。

"勇气"、"机遇" 发现水

关于火星上过去是否存在地表水的问题，美国宇航局的"勇气"号和"机遇"号火星探测器对此进行了研究。

2005 年 1 月，"机遇"号火星探测器对第一块在其他行星上发现的陨石进行了鉴定。这块陨石静静地躺在距离它的坠落地点——火星上的梅里迪亚尼平原仅 1.6 千米的地方。"机遇"号发现第一块陨石并非侥

"勇气"号火星探测器

幸。为了测定它们的年代，"漫游"者探测器自 2004 年 1 月开始，每 8 个月对坠落在火星表面的陨石进行一次鉴定。从结果可以看出，火星好像成了太空陨石经常光顾的"垃圾场"。

由于这颗红色星球上的风化速度非常慢，因此它们能够保留很长时间。在南极洲发现的类似陨石每年可达数百颗。坠落在地球其他地方的陨石可能隐藏在植被中，最后被风化掉。在向心力的作用下，一颗行星接近赤道地带的表面呈现相对平坦的隆起地形。但是在赤道地带以外地方，岩石会表现得富有弹性，常常起皱，就像正在放气的气球表面。佩伦和他的研究小组推测，火星的海岸线一度在赤道附近，在随着倾斜的星球向北移动的过程中变形为起伏不平的岩石高地。

机遇号火星探测器

陨石在地球上可以在地震和火山等地质作用下，与地球融为一体。然而，火星上没有植被，而且风化速度非常慢，地质活动也很少。

跟躺在南极雪原上的岩石一样，与周围环境相比，火星上的铁陨石毫无遮掩，非常容易发现。对火星车上的微型热辐射光谱仪来说，它们看起来就像火星天空表面刚孵出的雏鸟。由于这些物体反射天空中光谱的特征，让人产生错觉。这些铁块曾经是年轻行星的内部结构，随后的一些原因让这些正在形成的世界发生破裂，一些碎片投向太空，落入火星。虽然这些陨石与火星岩石不同，但是它们与火星环境相互影响，因此能推测过去火星上水资源丰富的证据应该写在了它们的表面。

有关专家说，火星表面正在进行剧烈的氧化，但我们没从这些铁块上发现被氧化的迹象，确实令人感觉奇怪。水的确能加速氧化过程，水的缺失可能得以让这些物体长期存在。两个火星

火星表面的沙丘

探测器都收集到过去火星生存在水的证据，因此没有发现氧化迹象让人很费解。当然，现在的未解之谜是，这些陨石已经在火星上存在多长时间，以及从它们坠落到火星上后，这些陨石一直暴露在什么样的环境中。也许它已经在火星上停留数百万年，或者可能是几十亿年，但这只是猜测。

如果到目前为止，这些被发现的铁陨石中的任何一些接触了液态水、冰或水气，我们应该能从它们表面看到在其他星球表面看到的锈迹斑斑的颜色。可能这两个火星探测器发现的这些陨石只在火星表面停留了非常短的时间。火星表面的沙丘移来移去，大气外的精细灰尘降落下来，因此这些陨石确实有可能被掩埋在地下，然后又重新出现在人们的视线中。在很多地方，它们可能在火星表面静静躺了数百万年，没被掩埋到地下。

风吹微粒对这些铁陨石表面造成的磨损，可能是研究人员没在它们表面发现氧化迹象的原因。虽然铁陨石很容易被发现，但是它们可能不是证明过去火星上有水存在的最好证据。

石质陨石的表面与它们的内部保持一致，任何被水改变的证据都能很好地保存在它们的内部。也许科学家已经在火星上看到石质陨石，只是没有认出它而已。圣路易斯华盛顿大学的雷·阿韦德森说，大部分石陨石的基本化

第五章 内太阳系——行星的世界

学成分与火星上的岩石相似，然而我们只仔细地分析了"机遇"号发现的一小部分陨石资料。未来的火星探测器将有时间和能力解开这些岩石的秘密。

火星"尘暴"

在火星上，由于大气非常稀薄，它常常产生强大的"尘暴"，其影响的区域可遍及整个火星。尘暴持续的时间也很长，可把火星弄得几个月内都是"昏天黑地"的。通常，尘暴发起于火星南半球的"诺阿奇斯"地区。当火星达到近日点时，"诺阿奇斯"地区接受的热量最多，这就会引起一次大尘暴。因此，按火星绕日周期算，约2个地球年发生一次大尘暴。1971年9月~1972年1月的大尘暴持续了近4个月，当时美国的"水手9号"飞船恰好于1971年11月飞达火星，大尘暴使这艘飞船根

火星表面

本就无法拍照。这次大尘暴是迄今观测到的最大的一次火星尘暴。

火星尘暴是如何形成的呢？一般的解释是，太阳的辐射加热起了重要作用，特别是火星运行到近日点，太阳的辐射非常强，引起火星大气的不稳定，使昼夜温差加大，而加热后的火星大气上升便扬起灰尘。当尘粒升到空中，加热作用更大、尘粒温度更高，这又造成热气的急速上升。热气上升后，别处的大气就来填补，形成更强劲的地面风，从而形成更强的尘暴。这样一来，

尘暴的规模和强度不断升级，甚至蔓延到整个火星，风速最高可达 180 米/秒。在地球上，12 级台风的风速定为 35 米/秒，而 18 级的特大台风其风速也不过 60 米/秒。由此可见火星尘暴的厉害。

然而，火星尘暴的分布很特别，尘暴的发源地多半在火星南半球，特大尘暴发源地更局限在某几个地区，特别是"诺阿奇斯"地区。为什么会这样呢？这是上面的解释所说不通的。

实地探测火星是人类登上月球后的又一目标，当人类踏上火星建立基地之后，解开尘暴之谜也许是轻而易举之事。

金字塔之谜

我们从 1976 年美国"海盗"1 号飞船发回圣多利亚多山的沙漠地区上空的照片上，可以清楚地看到，在一座高山上，耸立着一块巨大的五官俱全的人面石像，从头顶到下巴足足有 16 千米长。脸心宽度达 14 千米，与埃及狮身人面像——斯芬克斯十分相似。这尊人面石像似仰望苍穹，凝神静思。在人面像对面约 9 千米的地方，还有 4 座类似金字塔的对称排列的建筑物。

金字塔

火星图像

从此，火星"斯芬克斯"便成了爆炸性消息。科学家对人面像究竟是如何出现在火星的问题，依然非常谨慎。认为这不过是自然侵蚀的结果，由一些自然物质凑巧地形成的，或者是自然物体在光线影响下及阴影的运动造成的。但是，仍有很多人相信"火星人面"是非自然的，他们宣称，用精密仪器对照片进行分析，发现人面石像有非常对称的眼睛，并且还有瞳孔。霍格伦小组认真分析对比认为，最有说服证据的是"对称原理"，一个物体正因为符合绝对对称后才证明其出自人手，而非自然天成。五角大楼制图和地质学家埃罗尔托伦同样说："那种对称现象自然界根本不存在。"人们继续对这些照片研究，又有许多发现，火星上的石像不止 1 座，而有许多座，并且连眼、鼻、嘴，甚至头发都能看得很清。

火星的地表

金字塔同样有许多座。在火星的南极地区，美国科学家发现有几何构图十分方整的结构体，专家们称之为"印加人城市"。在火星北半球的基道尼亚地区，在类似埃及金字塔东侧发现奇特的黑色圈形构成体。还有道路及奇怪的圆形广场，直径 1 千米。道路基本完整，有的道路在修建时特意绕过坑坑洼洼。在火星尘暴漫天的条件下一般道路在 5000～10000 年内消失无影。估计建成时间不会太长，研究者将火星上金字塔与地球上金字塔作比较，认为两者相似，火星金字塔的短边与长边之比恰恰符合著名的黄金定律，肯定和地球上建立金字塔过程中运用了相同的数字运算。只是火星上的金字塔高 1000 米，底边长 1500 米。地球之最高的第四朝法老胡夫的金字塔才高 146.5 米，不过也相当于 40 层高的摩天大楼了，但它在火星金字塔面前却相形见绌。火星照片上那些奇特的图像都集中在面积为 25 平方千米的范围内。

专家们估计，人像、金字塔有 50 万年历史了。50 万年前的火星气候正处于适合生物生存的时期，因此他们推断，这很可能是火星人留下的艺术珍品。甚至可能是外星人在火星上活动所留下的杰作。

人们一直在探索着金字塔

事隔 20 年，在火星轨道上进行测绘任务的美国"火星观察者"太空飞船又飞越了"火星人面"区域拍到了更为清晰的照片。与 1976 年相比，这次的图片将"火星人面"放大了 10 倍，并是在逆光中拍摄的。它像什么呢？

负责"观察者"号太空飞船任务的科学家、加州科技学院的阿顿·安尔比断定是自然形成的图案。他说："它是自然岩石形状，只是一片独立的山地，只不过是峰峦沟谷在光线的影响下形成了'人面'。"并说，这种现象坐

第五章 内太阳系——行星的世界

在飞机上的任何人都会遇到，从华盛顿到洛杉矶的飞机上就可以看到很多像那样的景色，而非人工建筑。地理学家也认为，形成"人面"的山上和阴影部分只不过是光线变化所致，也很可能是几百万年来气候变化的偶然结果。

但是，仍有很多人坚持"火星人面"是非自然的。科学家马克卡罗特是"行星科技研究学会"的成员，他指出，人脸的比例十分真实。还说："这不是一张夸张搞笑的脸，也不是张笑脸，它的口中有牙齿，眼眶中有瞳孔。"通过计算机放大处理后，眉毛及头巾上的条纹也都清晰可辨，"人面"看上去更像人工建造的了。卡罗特也承认这只是偶然的证据，卡罗特说，这不是有力的证据，但可以积少成多，由弱变强，我们想了解更多。

"怪物"之谜

现代探测表明，火星表面所以呈红色，是由于火星大气能够发出红外线激光，使火星形成一个巨大的气体激光器。火星地表亦富含氧化铁而呈红色。

幻想中的火星人头像

多少年来，人们一直幻想着"火星人"的存在。但实际上，火星远不具备地球上的生存环境。这里的大气极其稀薄，只相当于地球 3 万米高空的大气；同时大气成分以二氧化碳为主，而且异常干燥。火星赤道地区全年平均气温仅达到 $-15℃$。春季的大风暴异常猛烈，可在火星上空形成经久不散的、面积极大的"大黄云"。火星表面类似月球，球形山密布，大约有几万座。

经过地球人的探测努力，尽管未能发现"火星人"的现实踪影，但从"人面石"到金字塔等古建筑物的发现，已经表明火星上确有文明遗迹的存在。而最先为揭示火星文明秘密提供证据的，是美国于1976年发射的火星探测器"维京1号"。

火星上的人面石

1976年7月31日，"维京1号"拍下了著名的火星表面照片，这就是火星"人面石"照片。从照片上看，一处巨大的建筑犹如五官俱全的人脸仰视着天空。该照片受到了美国宇航局的重视，为此还成立了由3名技术人员组成的专门研究小组，来分析这令人莫名其妙的画面，以鉴别是否属于自然侵蚀或自然光影所致。

专门研究小组成员采用计算机最新的处理技术对火星"人面石"照片进行分析。他们认定："人面石"是修建在一个极大的长方形台座上，刻有轮廓分明鼻子以及左右对称的眼睛，还有略张开的嘴巴。"人面石"全长（从头顶至下巴颏）为2.6千米，宽度为2.3千米。

美国宇航局共存有6张火星"人面石"的照片，这是当初"维京1号"在不同的时间、从不同的角度拍摄的同一物体。此外，从这些照片上还发现有类似金字塔的火星古建筑，它们地处"人面石"西南向约16千米处，其边长是埃及金字塔的10倍、体积超过其1000倍。它们对称排列在"人面石"

第五章 内太阳系——行星的世界

的对面；除了塔形建筑，还有其他形状的一些建筑。

门森德·伊比特罗是美国宇航局电子工程技师，也是专门研究小组的成员之一。他在介绍对火星"人面石"的检测情形时说："眼睛部分里面有眼球，也就是有瞳孔。眼睛部分经用计算机进行处理分析，看出内部面积很大。越往外越狭小，明显地能看出刻有半球似的眼珠。更有趣的是，仔细一看眼睛下方还刻有像眼泪似的东西。这意味着什么就弄不明白了……"

金字塔

专门研究小组对于"人面石"照片上出现的塔形物体和排列在其附近的人工建筑物，也进行了放大处理和仔细分析。分析结果表明，火星上的金字塔和埃及金字塔相同，都是面向正北方修建的。研究人员还在照片上发现，在类似古代都市遗迹的建筑物和金字塔群附近，有人工修建的城堡似的墙壁向前延伸。其墙壁的一面长达2千米，呈V形耸立。从形式上看，就像地球上的古城堡似的，不知用途何在。

对于火星上出现人工建筑物的事实，由于有已向公众公开过的火星"人面石"照片为证，是不容否认的了。前不久，美国加利福尼亚州和马萨诸塞州的一些火星研究专家，将他们从旧资料堆中偶然发现的一组有趣的火星照片公布在报纸上；这些照片都是1976年由"维京1号"、"维京2号"探测器在飞临火星上空时成功地摄取下来的，只是因为当时照片太多而被积压下来。在这些拍摄于30多年前的火星照片上，人们可以看到一尊尊石头人像（眼、鼻、口甚至头发都清楚可辨）；一座座高耸的金字塔；一片片类似城市废墟的奇迹。

显然，在久远的火星历史上，曾有过智能生物的大规模的文明活动。那么，这些智能生物究竟源于火星本土、还是来自于火星之外的世界呢？对此，没有任何可供追究与探索的凭据。不过，应该肯定的一点是：火星的自然环境已发生过不可逆转的悲剧性演变。

据美国宇航局的科学家们的调查分析，在距今 5 亿年前，火星上不仅有辽阔的海洋和大陆，而且空气同地球上一样湿润，空气成分也同现在的地球几乎相同，因此很可能存在与人相似的生物。在一次记者招待会上，美国宇航局艾姆斯研究中心的火星问题专家说："火星上的水，比一般人一度所认为的要多得多，而且火星上仍发生类似地球上的季节变化。""火星的水，足够填满一个 10 ~ 100 米深的海洋。"

尽管对于有关火星残存生态环境的情报，美国与前苏联都采取了秘而不宣的态度，但既然美国科学家已说明火星上发现了大量水的存在，那么显而易见，作为水的载体，河流海洋以及其间鱼类等生物的存在，也就不是不可能的了。

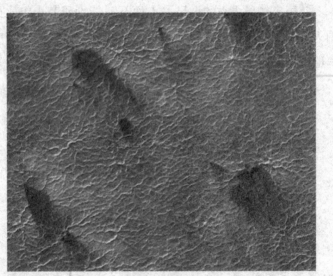

火星的地表层

最近，美国宇航局也宣布说，在处理和分析火星照片时，发现有的照片上出现了三角形的"怪物"，火星上的这些"怪物"显然是会移动的。它们究竟是生物变异的产物，还是某种机械装置呢？难以判明。

不过，无论怎样说，如今火星上的智能生物或者说火星人早已是不存在的了。那么，这些在火星上留下了众多的石头建筑杰作的智能生物到底哪里去了呢？难道火星"人面石"的眼泪是在说明火星主人的命运悲剧么？

1989年，瑞士天文学家帕沙向报界披露了有关火星"人面石"的新的内幕消息：火星上的巨型人面建筑是报警的象征；它的内部装有一部电视发射机，它至少在50万年前已向地球不断地发出一项不祥的警告。据说，该电波显示了数以10万计的人死在街上的惨景，似乎表明火星蒙受了一场灭顶之灾，使得火星人个个面黄肌瘦并死于饥饿和干渴。

帕沙提到，来自世界各地的50位科学家已看过这段触目惊心的电视片，而苏联和美国的科学家看到该片已逾数年，其中不足90秒的部分清晰而没有受到干扰。

这是耸人听闻么？

美国宇航局成立的火星"人面石"特别研究小组成员认为：古代火星人的灭亡确实是由于遭遇到了某种灭顶之灾，而这种灾难可能来自于大气臭氧层的破坏。门森德·伊比特罗结合地球南极出现臭氧空洞的实际说：

火星人面（局部）

"臭氧层一破损，来自太阳的有害紫外线，就会直射到地球上，地球上的生物就会发生皮肤癌，也许很快就会死亡。而更可怕的是，这些有害的紫外线会把水分解成氢和氧。结果，分量轻的氢气会逃往宇宙空间，长此以往，水就会消失。留下的氧，会使土地酸化，使地表的颜色变红。火星上那人脸一般的人工建筑的眼泪，也许就是向整个宇宙生物发出的警告。"

格里吉利·林耐尔也认为："如果现在我们人类不立即停止排放废气，防止臭氧层遭到破坏，那么，我们不久就会走向与火星相同的命运。"

无须赘言，火星巨型人面建筑的眼睛及其古老的电波讯息，既是对昨日火星不幸灾变的纪念，也是对今朝地球可能命运的警示，并非杞人忧天。为了防止地球文明重蹈火星文明的覆辙，我们人类必须对此有所准备。

从这个意义上说，1989年7月20日，美国总统布什所宣布的将建成以月球为基地的实现载人飞访火星的宇宙计划，其内涵是不言而喻的。

水源之谜

1964～1977年，美国对火星发射了"水手号"和"海盗号"两个系列共8个探测器。1971年11月，"水手"9号对火星全部表面进行了高分辨率的照相，发现了火星上有宽阔而弯曲的河床。不过，这些河床与轰动一时的运河完全是两回事。这些干涸的河床，最长的约1500千米，宽达60千米

火星河床

或更多。主要的大河床分布在赤道地区，大河床和它的支流系统结合，形成脉络分明的水道系统。还可以观测到呈泪滴状的岛、沙洲和辫形花纹，支流几乎全部朝着下坡方向流去。科学家们分析，只有像水那样的少黏滞性流体才能造成这种河床，这是天然河床，绝不是"火星人"的运河。

那么，火星上的河水流到哪里去了呢？这便成了当代"火星河之谜"。

今天的火星表面温度很低，大部分水作为地下冰存在于极冠之中。极稀薄的大气，使得冰在温度足够高时只能直接升华为水蒸气，自由流动的河水是无法存在的。

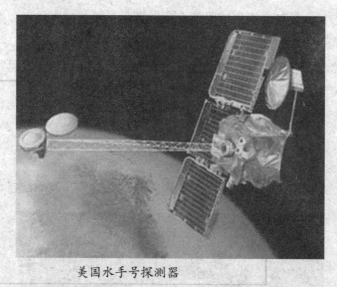

美国水手号探测器

火星河床说明，过去的火星肯定与今日的火星大不相同。有一种假说认为，在火星历史的早期，频繁的火山活动喷出了大量气体，这些浓厚的原始大气曾经使火星表面温暖如春，造成了冰雪融化河水滔滔的景色。后来火山活动减少，火山气体逐渐分解，火星大气变得稀薄、干燥、寒冷，从此，河水干涸，成为一个荒凉的世界。

另一种假说认为，在火星的历史早期，自转轴的倾斜度比现在更大，因而两极的极冠融化，大量二氧化碳进入大气，大量的水蒸发并凝成雨滴在赤道地区落下，形成河流。

当然，对于火星河流的形成还可以提出更多的猜想与假说。然而，科学家们最关心的问题是：滔滔的河水跑到哪里去了？有人提出，从巨大的江河到今日滴水皆无，这说明火星的气候发生了根本的变化。

生命之谜

一位天文学家接到了一家报纸编辑的电报，内容是："请用 100 字电告：火星上是否有生命？"

这位天文学家回电说："无人知道！"并且重复了 50 遍。

这件事情，发生在人类对宇宙的探索之前。后来，到了 1965 年 7 月，美国宇航局首次成功发射的"水手 4 号"太空探测器，近距离地飞过了火星，并且向地球发回了 22 帧黑白图像。这些图像显示：这颗神秘的星球上布满了令人恐怖的深坑。并且显

火星地表

然和月球一样，是个完全没有生命的世界。以后数年中，"水手 6 号"和"水手 7 号"也飞过了火星，"水手 9 号"对火星做了环绕飞行。它们向地球送回了 7329 幅照片。1976 年，"海盗 1 号"和"海盗 2 号"进入了长期轨道的飞行，在这期间，它们发回了 6 万多幅高质量的图像，并且将一些登陆车组件放在火星表面上。

到 1998 年初，尽管当时人人都热衷于写作，但对"火星上是否有生命"这个问题的回答，却依然仅仅可能一直是"无人知道"。不过，科学家们手头上已经掌握了更多的资料，并且对这个问题形成了一系列见解。

第五章　内太阳系——行星的世界

探索太阳系

火星的外表虽然伤痕累累，现在却已经有许多科学家认为：火星地表之下，有可能生存着最低级的、类似细菌或病毒的微生物有机体。另一些科学家虽然感觉到火星上现在根本不存在生命，但并不排斥这样一种可能性：在某个极为遥远的古老时期，火星可能曾经出现过"生物繁盛"的时代。

这些争论的范围不断扩展，其中的一个关键因素就是：从作为陨石到达了地球的火星碎片或岩石当中，是否找到了一些可能存在过的微生物化石，是否找到了生命过程的化学证据。这个证据，必须连同对生命过程进行的那些肯定性试验结果，一同被认定下来——"海盗号"登陆车就曾经进行过此类试验。

美国"海盗号"探测器

探索火星上的生命的故事中，存在着诸多令人困惑的因素，其中包括美国宇航局发表的官方结论：1976年，"海盗号"对火星的探测"没有发现任何有说服力的证据，表明火星表面存在着生命"。

但是，吉尔伯特·莱文却不能接受这个说法，他是参与"海盗号"计划的主要科学家之一。他进行了"放射性同位素跟踪释放"实验，而这个实验则显示出了准确无误的积极读数。他当时就想如实公布这个结果，但是，美国宇航局的同事们却阻止了他。

1996年，莱文博士对此评论说："他们提出了一些解释来说明我的实验结果，但那些解释没有一个具有说服力。我相信，今天的火星上存在着生命。"

看来，莱文的同事们之所以阻止他公布自己的实验结果，是因为他的试验与另外一些试验得出的负面结果相对立，而那些试验是一些更年老的同事设计的。

"海盗号"上的质谱分光仪并没有探测到火星上的任何有机分子，这个事实受到格外的重视。不过，莱文后来证明：这个探测器上的质谱分光仪的工作电压严重不足——在一个标本里，它的最小灵敏度是 1000 万个生物细胞，而其他正常仪器的灵敏度却可以下降到 50 个生物细胞。

1996 年 8 月，美国宇航局宣布，他们在编号 ALH8400 的火星陨石中，发现了微生物化石的明显遗迹。只是到了这个时候，莱文才受到了鼓舞，公布了自己的实验结果。美国宇航局公布的证据，有力地支持了莱文本人的观点，即这颗红色星球上一直存在着生命，尽管那里的环境极

火星陨石

为严酷："生命比我们所想象的要顽强。在原子反应堆内部的原子燃料棒里发现了微生物；在完全没有光线的深海里，也发现了微生物。"

英国欧佩恩大学行星科学教授柯林·皮灵格也同意这个观点，他说："我完全相信，火星上的环境曾一度有利于生命的产生。"他还指出，某些生命形

式能够生存在最不利的环境中，"有些能够在零度以下相当低的温度中冬眠；有的试验证明，在150℃高温里也有生命形式存在。你还能找到多少比生命更顽强的东西呢？"

火星上冷得可怕——各处的平均温度为-23℃，有些地区则一直下降到-137℃。火星上能供生命生存的气体极为匮乏，例如氮气和氧气。此外，火星上的气压也很低，一个人若是站在"火星基准高度"上（所谓"火星基准高度"，是科学家一致确定的一个高度，其作用相当于地球上的海平面），他感受到的大气压力相当于地球上海拔3万米高度上的压力。在这些低气压和低温之下，火星上即使有水存在，也绝不可能是液态的水。

火星上曾经有过大量的液态水

科学家们认为，没有液态水，任何地方都不可能萌发生命。假如这是正确的，那么，火星过去和现在存在着生命的证据，就必然非常明显地意味着：火星上曾经充满过大量的液态水——我们将看到，有无可辩驳的证据能够证明这一点。火星上的液态水后来消失了，这也无可置疑。但是，这并不必然意味着任何生命都不能在火星上存活。恰恰相反，最近一些科学发现和实验已经表明：生命能够在任何环境下繁衍，至少在地球上是如此。

1996年，一些英国科学家在太平洋海底4000多米的地方进行钻探，发现了"一个欣欣向荣的微生物地下世界……（这些）细菌表明：生命能在极端的环境里存在，那里的压力是海平面压力的400倍，而温度竟高达170℃"。

研究海底3000多米处的活火山的科学家也发现了一些动物，它们属于所谓髭虎鱼属动物，聚居在布满各种细菌的领地上，而那些细菌则在从海床上隆起的、沸腾的、富含矿物质的地幔柱上，繁茂地生长。这些动物通常只有几毫米长，样子很像蠕虫，而在这里，其尺寸畸形发展成为巨大的怪物，样子使人联想到神话中的蝾螈，那是传说生活在火里的一种大虫子或者爬行动物。

髭虎鱼属动物赖以生存的那些细菌，其模样也几乎同样古怪。它们不需要阳光来提供能量，因为没有阳光能够穿透到这样的深海下面。但它们却能利用"从海底冒出来的、接近沸腾的水的热量"。

髭虎鱼属动物

它们不需要有机物碎块作为营养，而能够消化"热海水中的矿物质"。这样的动物被动物学家归入极端变形的"自养生物"类属，它们吃玄武岩，以氢气为能量，并且能从二氧化碳中提取碳元素。

科学家们的报告声称：

另外一些自养生物被发现于海底 3000 米处，那里惟一的热源是岩石的热量……在 113℃的高温中能够发现这些生物……在酸流中也能发现这些生物；在苯和环乙酮等物质的有害环境中，在马里亚纳海沟 11000 米的深海里，都能够发现这些生物。

可以想象，火星上有可能存活着这类生物，它们也许被封闭在了 10 米厚的永久冻土层当中。人们认为，火星地表下面存在着这种永久冻土层，它们也许已在火星悬浮的大气里存在了无比漫长的时期。

在地球上，休眠的微生物被琥珀包裹了数千万年而保存下来。1995 年，美国加利福尼亚州的科学家曾经成功地使这些微生物复活，并把它们放在了密封的实验室里。另外一些有繁殖能力的微生物有机体，已经从水晶盐当中被分离了出来，它们的年龄超过了2亿年。

在实验室中，"细菌孢子被加热到沸点，然后被冷冻到−270℃，这个温度范围正是星际太空间的温度变化范围。等温度条件一好转，这些细菌孢子立即恢复了生命。"

同样，有些病毒即使在此类生物组织外面没有活力，也能够在细胞中被激活。在其休眠状态下，这些可怕的小生物（其身体比可见光的波长还短）可以说几乎是永远不死的。经过仔细检查，科学家发现它们都极为复杂，并具有由 1.5×10^4 个核苷组成的基因组。

随着美国宇航局对火星的继续探索，科学家们相信，火星和地球之间存在交叉感染的情况是极为可能的。的确，早在人类开始太空飞行时代以前很久，可能已经发生过这种交叉感染的情况了。来自火星表面的陨石落到地球上，同样，有人认为因小行星的撞击而从地球"飞溅出去的"岩石有时也必定会到达火星。

可以想见，地球上的生命孢子本身就有可能是由火星陨石携带过来的——反之也是如此，生命孢子也可能被从地球上带到火星。阿德莱德大学的保罗·戴维斯教授指出：

对地球上的生命来说，火星并不是一个特别有利于生存的地方……然而，地球上发现的一些细菌物种依然能够在火星上生存下来……如果生命在以往遥远的年代里曾在火星上牢牢地扎根和发展，那么，当其生存条件逐步恶化的时候，生命也就有可能逐步地适应其更为严酷的环境。

火星上到底有没有生命？也许，直到人类的脚印踏上火星之前，它永远不会有一个明确的答案……

金星与火星之谜

　　科学家们经过长期的观测，发现在太阳系的八大行星中，只有金星的自转方向同其他行星的自转方向不同，因此称金星为逆向自转，其他行星为顺向自转。

　　金星与太阳的距离为 1.8 亿千米，位于地球的内侧。它公转 1 周是 243 天。它的自转周期测量起来很困难，以前有人认为是 23 小时 20 分，有人认为是 11 天或 24 天，还有人认为同它的公转周期相同。后来经过科学家的仔

火星

细观测，才测得它的自转周期是 117 天，即地球上的 1 年等于金星的 3 "年"多一点。那么，如此缓慢的逆向自转是怎样形成的呢？

　　人们一般都认为，太阳系的太阳和诸行星都起源于一团巨大的星云，这团星云本身是旋转的，并且逐渐变扁形成了一个星云盘。其中一部分收缩成太阳，另一部分形成诸行星的"星子"，并逐渐形成完整的行星。

　　有人认为，行星最初无自转，但有公转，在太阳引力作用下，行星才逐渐产生自转。各个行星的自转情况也有不同，这些差别是由一些偶然因素造成的，比如一些"星子"碰撞了某个"行星胎"之后，就会对后来形成的行星的自转造成影响。金星就是一个突出的例子，它可能受到轨道内侧一个与

月球差不多大小的"星子"的碰撞，那个"星子"的自转是逆向的，它使金星的自转由原来的顺向变成逆向。

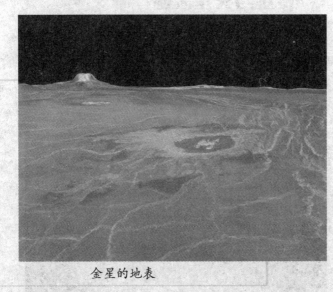

金星的地表

这种解释合理吗？是否还有造成金星逆向自转的其它原因？由于涉及太阳系起源和发展的详细过程，要解开这个谜并非易事。

火星的表面呈红色是因为它的表面岩石中富含氧化铁（氧化铁呈红色）。可是火星的表层下面的岩石并不像表面那样呈红色，主要是因为表层下的铁没有与氧气接触（即没被氧化）。火星上绝大多数的铁元素也和地球中的铁元素一样沉积在地壳的内核中，并且呈熔融状态。

火星表面的风一般是很温柔的，可是在南半球处于夏季时，太阳来的多余的热量会使情况发生很大变化。风会渐渐的变大，卷起沙漠中的沙粒到处肆虐。在最剧烈的时候，风卷起的尘埃会使整个星球处于沙尘的包围中。不过，你不用担心它会把你击倒，因为火星上的空气是很稀薄的。

因为火星大气很稀薄，所以科学家们认为它的天空颜色应呈暗蓝色，就像我们乘高空气球时所看到的天空颜色一样。可是，"海盗船"发回来的照片显示火星天空呈褐黄色。原来是火星沙漠的沙砾被狂风带到了空中而呈现了这种颜色。当风平静时，火星天空还是会成暗蓝色的。

有证据表明火星曾经有浓密的大气，可是后来逐渐失去了。人们一直以为是因为火星的重力过小造成的。最近的研究表明，由于火星没有磁层的保护，太阳风长驱直入，把火星的大气吹走了。

哈勃望远镜让我们看到了火星最近的天气情况。与 20 年前"海盗"号飞船发回来的天气状况对比，发现火星比原来更多云、更冷、更干燥。

火星有 2 颗卫星，"火卫一"和"火卫二"。这两颗卫星由美国天文学家 A·霍尔于 1877 年火星大冲时观测火星发现。它们是两块坑坑洼洼的大石头，属于不规则卫星。火卫一上最大的陨石坑是"斯蒂尼"陨石坑，这是为纪念鼓励霍尔从事天文研究的妻子斯蒂尼而命名的。

金星探测器

由于火卫一在离火星只有 3500 千米的高度运行，它绕火星转一周的时间比火星的自转周期还快。这就造成了一个奇怪现象：火卫一每天西升东落，而火卫二每天东升西落。

第五章　内太阳系——行星的世界

第六章　外太阳系——巨型行星的世界

木　星

木星和土星、天王星、海王星同属于巨行星行列。木星和土星、天王星、

木　星

海王星这4颗行星与水星、金星、地球、火星有显著的区别。它们的质量更大，大气层也厚达几千千米，区别于水星等的几十千米厚大气。木星是太阳系中最大的行星。举例来说：如果木星是个金鱼缸，它将盛下1200颗地球大小的玻璃球。另一种说法是，把太阳系中的其他行星全塞到木星里，还会有剩余的空间。

　　当我们用望远镜观测木星时会发现木星上有稠密活跃的云系。各种颜色的云层像波浪一样在激烈翻腾着。由于木星有快速的自转，因此能在它的大气中观测到与赤道平行的，明暗交替的带纹，其中的亮带是向上运动的区域，暗带是向下运动的区域。虽然木星也和地球一样有铁核，可是它的85%是氢

元素，其余 15% 主要是氦元素。其他元素只占 1%。这是因为木星有强重力场，它保持了太阳系刚形成时期的大气组成。而地球的较弱的重力让它失去了大多数的原初元素。和地球上只有白色的云不一样，木星上的云五颜六色。这主要是因为木星大气中复杂的化合物造成的。

木星上的日子过得比太阳系中的任何行星都快。尽管木星是太阳系中块头最大的一个，可这并没有阻止它成为太阳系中自转得最快的行星。一个木星日只有不到地球上的 10 个小时。像太阳一样，木星表面不是固体，在不同的纬度，木星的自转速度不一样（较差自转），一天的长短也就不同。在赤道附近，一天有 9 小时 50 分（地球时）；在极地附近，一天有 9 小时 56 分（地球时）。

木星有"大红斑"。大红斑于 1665 年被法国的天文学家卡西尼发现。它位于南纬 23°处，东西长 4 万千米，南北宽 1.3 万千米，可以和整个地球的大小相比。探测器发现大红斑是一团激烈上升的气流，呈褐红色。

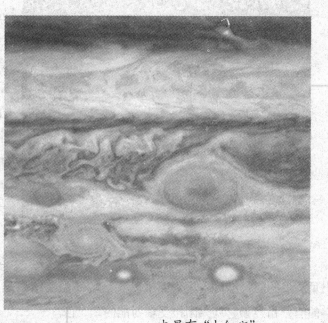

木星有"大红斑"

木星有太阳系中最狂野的天气。

由于温度太低，木星上会下氨雪。大气中会结成比整个地球还大的冰雹。在巨大的暴风雨中的闪电的能量足以把一个地球上的城市气化掉。地球上的天气主要是由太阳辐射的能量驱动的，太阳照射造成大气不同地方的温差从而形成风，太阳能把海水气化形成雨。而木星天气动力的来源则在它的内部，木星大气顶端的温度为零下150℃，在核心处温度可高达上千度，这是因为木星有内部热源。

和地球不同，木星没有固体表面。从木星的大气层顶部下降到几千千米以下的地方，你会发现一个巨大的海洋。与地球上看得到的海洋不同，这个海洋不是由水组成的，而是由可以导电的液态金属氢组成的。它是氢在相当于几百万个地球大气压下形成的液体。在这个太阳系中最奇异的海洋下是由熔融状的铁和硅酸盐组成的木星幔和木星核。

木 星

太阳系中所有的行星都起源于46亿年前的一团炙热的的气体和尘埃。木星的表面能有那么高的温度，是因为它有内部能源在释放能量。科学家推测是木星的内部仍然在塌缩，在塌缩过程中，引力能转化为热能释放出来。火星巨大质量的核每年几厘米的下沉就会释放出足够多的能量维持木星表面难以置信的高温。结果是，木星每年辐射向太空的能量相当于它从太阳接受辐射能的2.5倍。

木星如果想变成一颗恒星，它的核心温度必须达到100万度，这才足以点燃热核反应（氢聚变成氦的反应），释放出巨大的能量。而要达到那么高的核心温度，木星的质量至少要比现在大100倍，而它没法从其他地方获得这么大的质量，所以它不可能成为一颗恒星。

过去有人猜测，在木星附近有一个尘埃层或环，一直未能得到证实。直到 1979 年 3 月，"旅行者 1 号"考察木星时拍摄到了木星环的照片。木星光环的形状象个薄圆盘，厚度约为 30 千米，宽度约为 6500 千米，离木星 12.8 万千米。它也围绕木星运行，每 7 小时绕木星转一周。它主要由许多黑色碎石构成，不反射太阳光，所以长久以来未被发现。

木星有强大的磁场。木星有铁核存在，使得那里好像有个条形磁铁埋在木星表层下。木星的磁场强度达 3 ~ 14 高斯（地磁场表面强度只有 0.3 ~ 0.8 高斯）。木星的磁场也束缚了许多太阳风中的带电粒子，形成了类似地球周围的范艾伦带的带状物。那些被束缚的粒子如果打到人身上会使人丧命，所以无人飞船仍将是今后探索木星的主力。

在 1994 年 7 月，木星受到重大撞击。当时电视台直播了整个撞击过程：20 多块山一样大小的彗星碎片以 13 万千米/秒的速度撞击了木星，释放出的能量相当于几百万吨的 TNT 炸药爆炸释放的能量。撞击激起的激波有整个地球大小，由激波掀起的物质所组成的暗云在空中持续了长达 1 年的时间。

"伽利略"号飞船进入了木星的轨道

在 1995 年 12 月 7 日，经过 6 年的长途旅行，"伽利略"号飞船到达并进入了木星的轨道（它以前的"先驱者"和"旅行者"都只是从木星旁经过）。"伽利略"将发回至少 2 年的珍贵木星资料，并放出第一个人造机器人进入木星大气层探索。"伽利略"号的照片比"旅行者"有更好的地面分辨率，会提供更好的资料给我们。

"伽利略"放出的进入木星大气层的机器人在受到木星上高温高压环境影

第六章 外太阳系——巨型行星的世界

响前发回了 1 个小时的资料。结果分析发现，木星上的风速达到了 335 千米/秒，比科学家预期的 200 千米/秒要大。"伽利略"放出的机器人还发现了木星上没有科学家预言造成木星五颜六色云的多种化合物，如乙烷、磷化氢等。它还发现木星上的氦要比预想的少一些。不过，这还不足以否定科学家们以前的推测，因为这个机器人探测器只对木星大气的顶端进行了 1 个小时的探测，而不是全面的探测。当伽利略观测木星时，发现了木星两旁直线排列着 4 个亮点，连续的观测发现这 4 个亮点虽然会互换位置，可是它们一直在木星周围。伽利略正确判定它们是木星的卫星，并以他的研究资助方麦迪斯家族的人命名这 4 颗卫星。可是，后人均称这 4 颗卫星为伽利略卫星。这 4 颗卫星实际上比我们可以用肉眼看到的最暗的星要亮。可是直到望远镜发明我们才发现那 4 颗卫星是因为木星的光辉遮盖住了它们。在希腊神话中，宙斯是统领众神的上帝，木星代表着宙斯。所以，人们就形象地把那 4 颗卫星以宙斯的仆人和情人命名：卡利斯托、甘米迪、欧罗、爱莪。

探索太阳系

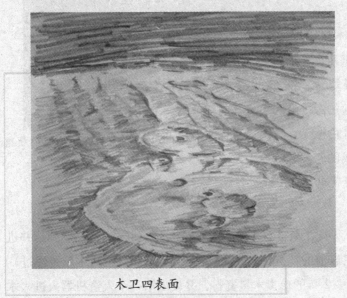

木卫四表面

自从伽利略发现木星的卫星以来，一共有 60 多颗卫星被发现。其中"伽利略"卫星是最大的 4 颗。它们围绕着木星以不同的方向运行，就像是一个迷你太阳系。其中有一些卫星已经被飞船近距离观测过，结果发现这些卫星之间的差异很大。最小的只有一般岩石大小，最大的比地球还大。

木卫四是一个"脏雪球"。木卫四直径为 3000 千米，比月球要大。它是

水冰占1/2以上的冰卫星，表面很暗，陨击坑累累。木卫四最让人印象深刻的地质构造是被陨石撞击的瓦尔哈拉中央区，那下面可能可以开采出清洁水。木卫三直径5262千米，成为太阳系中最大的卫星，比水星还大。它是由冰雪层包围着岩石核组成的。木卫三有很多陨击坑，也有"海"、高地和冰峰，暗地貌区更多。

从木卫三向内继续航行就到达了木卫二。木卫二有2000千米宽，光谱显示其表面为较纯的水冰，地质上较年轻。它就像个台球，表面异常平坦，整个卫星的表面海拔相差也超不过几十米。木卫二的表面有纵横交错，绵延上百千米的条纹结构。这让科学家们联想起了地球上的海洋部分结成冰，然后融化过程中所形成的海洋冰的结构。所以有人相信在木卫二的表面下有海洋存在。由于可能存在水，木卫二也是太阳系中生命可能存在的候选天体之一。不久，飞船可能会把木卫二的一片冰带回地球进行研究。

木卫一以活火山和不断更新的彩色表面成为太阳系最美丽的天体。在"旅行者1号"飞船看到的8个火山喷发羽中，有7个又被4个月后的"旅行者2号"看到，像巨大的喷泉，升腾高大300多千米，宽达1000

木卫三

多千米。木卫一频繁的火山喷发可能原因是木卫一与木星和木卫二的潮汐作用。木卫一表面几乎没有陨击坑，其外壳也不存在冰。

为什么木卫一看上去如此奇怪？在"旅行者"号传回的木卫一的阴暗地区的深度曝光（为了显现出星星进而确认"旅行者"号是朝着正确的方向前

进）的图像中，科学家们找到了答案。在那里，卫星边缘升起的是来自活火山的被喷到接近 320 千米高空的熔岩物质。很快的，又找到了其他超过 6 座的活火山，全部都在喷发大量的熔岩状硫磺。每一座火山都有法国大小。由于"伊娥"表面经常被其喷发出来的内部物质重新覆盖，所以它没有环形山。伊娥是太阳系中活动最剧烈的地方——一个几乎要把它自己翻出来的世界。

木卫二

木卫一离大质量的木星很近是它有那令人难以置信的火山的原因。正像月球对地球施加潮汐力一样，木星也对"伊娥"施加这种作用。但木星是十分巨大的以至于它的潮汐影响是极端强的。就如一个网球在一个有力的夹子里会持续变形一样，在轨道上"伊娥"的表面也被迫的突出和凹进去 90 米左右。它就跟装在一个很薄的球壳里的巨大熔化状硫磺一样，冲破外壳的洞和裂缝，内部物质全爆发到附近真空中，产生了巨大的羽毛状火山烟尘。处于不同化学状态和不同温度的硫磺构成了"伊娥"表面的种种颜色。

20 世纪 70 年代末，当"旅行者"号太空船在木卫一背面发现火山时，哈勃空间望远镜已经可以让我们持续地密切关注这个不平凡的世界。在 1995 年 7 月，一个新的黄白斑点在木卫一上出现了。接近 320 千米宽，几乎可以认为是另一个巨大火山的喷发物。在 1996 年 5 月，"伽利略"号空间船发现木星磁场的变化可归因于木卫一那大概 1600 千米宽的铁核——几乎有这个卫星它自己直径的 1/2。因此木卫一成为第一个被我们所知的有自身磁场的卫星。木卫一是个"有点喜欢乱扔垃圾的人"。在木卫一围绕着木星运行并同时喷出它的硫磺烟雾时，它靠着在所过之处留下的硫分子云"弄脏"轨道。随着时间慢慢过去，这已经形成了一个完整的环绕着木星并描绘出木卫一整个轨道的圆环状云。

在我们逐渐接近木星时，它 4 个最大的卫星的密度会依次增加，内部温度也会依次逐渐上升。"卡利斯托"（木卫四）和"盖尼米得"（木卫三）差不多是一个"脏雪球"，与此同时"欧罗巴"（木卫二）在它薄薄的冰质外壳下基本上是海的世界。"伊娥"（木卫一）则几乎完全是由熔融态的硫和铁构成，表面根本没有环形山和一点水和冰。类似地，"卡利斯托"的表面完全是十分古老的，事实上没有迹象显示它有内部活动。对比之下，"盖尼米得"弯曲的山脉则证明一些地质活动正在那里进行。"欧罗巴"上的交叉的冰样也许说明了甚至可能一直到现在的重复的溶化和结冰过程，还有它的薄的或半溶状的冰质外壳在过去已经湮没了许多环形山的痕迹。最后，"伊娥"，由它那些喷发的火山，正持续地让它的表面"再铺"。事实上，"伊娥"有全太阳系"最年轻的面孔"。

木星是导致它的大卫星们之间的主要不同的原因。简单的说，一个卫星越接近木星，它所受的潮汐力越强，潮汐能越大。因此，远一点的地方（比如说"卡利斯托"和"盖尼米得"）是冰冻的固体，同时更接近木星的则比较温暖。这说明了一个卫星是固态、液态或者是熔融态，决定了卫星最初的水是在一个地方保持结冰状态还是很久以前就蒸发跑进太空了，留下重物质让卫星又更大的密度。

土 星

20 年前，天文学家想知道为什么在所有行星中仅仅只有木星有环。今天，

第六章 外太阳系——巨型行星的世界

我们知道四个大行星（木星、土星、天王星、海王星）都有一些类型的环，但没有一个可以跟土星壮丽的环相比。华丽而灿烂地，土星的光环跨越了超过32万千米（几乎是地球到月球的距离），甚至还可以在一个小孔径的业余爱好者的天文望远镜里被看见。

土星

土星的环首先是被伽利略看见的，不过那时他也不知道他看见的是什么。当伽利略通过一架天文望远镜第一次看见土星时，他注意到这个行星有些不一般。他宣称说"这第六个行星是三个"（即是说是一个三星）并且形容说"萨杜恩"（罗马神话里的一个老人）显然需要两个仆人在左右帮他在天堂之间来来去去。伽利略知道他在天文望远镜里所看到的不是像木星一样的球状物，但对他来说它看上去好像一个行星一边有一个小行星。在其他场合他也把这个物体描述成一个茶杯的把手或者是一对"耳朵"。

数年以后，另一个天文学家，克里斯丁·惠更斯，意识到伽利略所看到的其实是一个完全围绕这颗行星的独立的环。事实上伽利略没有成功的辨别这个环也许是由于他早期望远镜较差的光学成像质量，也有可能是由于之前从没人看到过在行星周围有环，所以伽利略的头脑无法向他解释他所看到的是什么。

从地球上看，土星显现出有3个环。它们被简称为A环（外层）、B环（中间）和C环（内层）。最宽的B环和A环被一个称为"卡西尼环缝"（来自发现它的天文学家）的缝隙所隔开。它宽得足够放下月球，并且可以在中

探索太阳系

口径的业余爱好者的望远镜里被看见。C 环由于它那纱状的、半透明的外貌，因而也被称为"纱环"。

在 1980 到 1981 年间，"旅行者"号到达土星后，土星环更完整的结构开始展示在我们面前。在地球上看见的 3 个环变成了成百上千个小环。接近看，土星的环像一个留声机唱片。另外，"旅行者"号还发现了地球上从没见过的新环，包括一个像散开的女孩头发的神秘发辫状物体。

虽然土星的环看上去像一条跑道或一张 CD，但它不是固体整盘。很早我们就知道这些大大小小的环不是固体的盘，而是由上百万的脏冰块构成。它们中有沙粒般大小的颗粒，还有小房子般大小的冰山。每一个物体在这暴风雪中运行就好像一个微小的

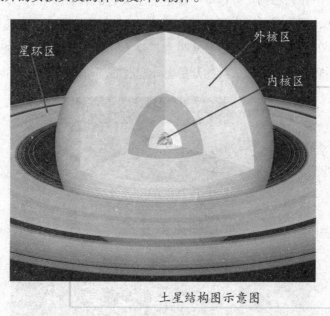

土星结构图示意图

行星在它自己的轨道上运行。与行星绕着太阳运转一样，离土星越近的环里的小颗粒或大石头运动速度越快。有的环绕速度可以高达 8 万千米/小时。对于我们的眼睛来说，所有的迷你卫星像风扇扇叶一样快速旋转而模糊，形成了我们所谓"环"的美丽装饰品。

土星的 B 环有轮辐。在土星宽广的中层环上飞行，"旅行者 1 号"发现显现出来的有暗的轮辐状的条纹。科学家们认为这些轮辐可能是被土星磁场俘获并被迫在自旋的同时绕着这颗行星运行的带静电的尘埃悬浮在环上面造成的。

除了约4830千米宽的卡西尼环缝外，其他在环内部的缝也是可见的。同时，天文学家意识到这种分离不仅仅是环系统的暂时特征，而是土星几个卫星的引力牵引的直接结果。某几个卫星间的作用力担当看不见的行动者，清理掉离土星某些距离的某些区域的环物质，于是产生了环缝。

"旅行者1号"在A环的外侧较远处发现了一个很薄的环，科学家们对于它能存在感到十分惊奇。理论上组成它的岩石块和冰块应该在很早以前就散开，消失在太空中了。然而当太空船近距离看时竟发现了2个很小的卫星，环的一边一个。被形象地叫为"牧羊卫星"的两颗卫星扮演着牧羊犬的角色，用它们的引力把成群的开始向外逸散的环中的粒子物质拉回环中。

土星的B环有辐射

在伽利略第一次发现土星那令人迷惑的外形后2年，他更加迷惑了，因为他发现这个行星的"仆人"或"附属物"完全消失了，在望远镜里仅留下一个圆圆的行星。今天，我们知道每过15～17年当环的边缘朝向地球时，这环看上去就像是消失了一样。这上天的魔法骗局是可能实现的，因为这个环虽然有32万千米宽，但是仅仅只有不到30米的厚度！在地球上去试着看环的边缘就好像在30千米外看唱片的边缘一样！最近一次环的边缘朝向地球是在1995年。

每一个物体都有一个假象的表面叫"洛希极限"。在这个表面内，中心物体产生的潮汐力大于其他物体自身的引力。因此，在土星的洛希极限内任何进入的物质都不可能聚集成卫星，一定只会保持独立的小块。在某些情况下，冒昧地进入洛希极限的物体甚至会被潮汐力撕成碎片的，于是环产生了。

跟木星一样，土星也是一个被云覆盖的大行星，有上千千米厚的大气。同时，跟木星一样，土星几乎全是由自然界 2 种最轻的元素构成：氢和氦。土星也含有少量的重元素和较多的复杂化合物，但它的实际总密度还是比水小。这意味着，找一个足够大的浴缸，土星会像放在一杯热可可里的软糖一样上下沉浮。

虽然木星是五彩缤纷的，但土星更像一大块白色的糖果奶油布丁。从"大红斑"到它橙色和棕色的带纹，木星的大气呈现出生动的颜色的漩涡和斑点。对比之下，土星是十分柔和的。它的柔和的黄棕色云带点缀在

土星A环

白背景上。这种原因看上去似乎是 2 种因素共同作用的结果：①在土星大气高空有一薄雾层，它使得我们看这颗行星时好像透过了起霜的玻璃。②土星有更彻底的混合气候系统，所以大片的单色云很罕见。

"旅行者"号的照相机侦察到了旋转火焰状的漩涡云，很可能是下着氨水的有亚洲大的飓风。但是这种现象与土星上每 30 个土星年才会发生的令人不可思议的事情相比是不算什么的。

每次土星位于近日点时，它所接收到的更多的热会引发一个极大的上升气流。当大量的氨气飞快地上升到土星大气最高层时，它们就变成了数以万亿计的雪花。被超过 1600 千米/时的快速的气流俘获，雪花气流很快地爆发式增长为暴风雪，能包围好几倍地球面积的一个区域。看上去像一片巨大的

第六章　外太阳系——巨型行星的世界

覆盖上百万平方千米的白云，在衰减慢下来之前，这个暴风雪持续横行了几周。

跟木星的"卡利斯托"和"盖尼米得"一样，土星的许多卫星也是由冰构成的。就像土星自己的环，它许多的卫星是由冰构成的。然而，在距太阳16亿千米的地方，冰的温度是十分低的，所以这土星卫星上的冰性质跟地球上的很不一样。事实上，完全失去了它的弹性后，土星卫星上的冰像钢铁一样坚硬但也像玻璃一样脆。

土卫三

在"特提斯"（土卫三）上，有一个叫"伊萨卡峡谷"的地方，它延伸出这颗卫星2/3周长的长度。"伊萨卡峡谷"也许是"特提斯"内部冷却、冻结而膨胀时裂开的一条裂缝（跟你向你的汽车的冷却系统中的水箱放了太少的防冻液所发生的一样）。

小小的土卫一是一个仅仅480千米宽的小冰球，然而它有一个突出的超过100千米宽的被命名为"赫歇尔"的冲击坑，在坑中心还有一个5千米高的山峰。不仅仅是这个特征让土卫一看上去像星战里的死亡之星，它还显示了在这样大一个卫星上可以有多大的陨石坑。如果狠狠砸上土卫一的物体再稍稍大一点，它就会把这颗卫星撞成碎片。

太阳系里的比土卫一大的卫星全是跟行星一样是球形的。但比土卫一小的卫星在形状上就是典型的不规则了。土卫一大小和更大的物体有足够的质量让它们在刚形成时保持熔化状态一段时间。在熔化状态时，引力自然的把它自身塑造成一个球形。更小的卫星（比如小行星和彗星）决不会经过一个熔化阶段，所以形状不规则。

土卫一

土卫一的许多地表特征已经被天文学家根据亚瑟王的传说而稀奇古怪地命名了，包括"圭尼维娅"、"兰斯洛特"、"梅林"，当然还有亚瑟王自己。

"恩克拉多斯"是土星的另一个有陨石坑的冰卫星。它上面也有一个又长又宽的条状区域，看上去就像是一个巨大的舌头伸出来把这部分舔干净了，除去了所有细节一样。这个区域的边缘甚至分布着一些一半完整一半消失的陨石坑。特大的地外宇宙尺度的雪可能不是假设了，科学家们认为在这里，这颗卫星的冰在过去至少溶化过一次，爆发式的涌出来冲过这片地形。热源来自哪里呢？也许是来自土星潮汐的拉扯。

土卫八是一个两面的世界。在太阳系里土卫八是最奇怪的地方之一。它有大约1400千米宽的一面半球是覆盖着冰，像新下的雪一样亮；然而反面半球的很大一部分比沥青还暗。天文学家推测这种很暗的物质可能是某些有机物质（就像焦油），受土卫八和土星之间的潮汐热的影响，不知何故从这卫星内部深处涌出。

土卫七大约有 260 千米宽，看上去像一个汉堡包和一个冰球的交叉部分。它的完全不像球形的形状可能是因为远古时的一次撞击撞掉了它一块或者更多部分，并把剩下的炸进一个蛋形轨道里。它不对称的形状和奇怪的轨道造成土卫七十分混乱的旋转速率以至于在它上面每一天的长度都在变。如果较长的天都是周六和周日，那这也许不是一个很糟的住处。

土卫七

"泰坦"，土星最大的卫星，是太阳系里第二大的卫星（仅次于"盖尼米得"）。直径 5100 千米，"泰坦"比水星和冥王星大。它不仅仅是一个只有行星般大小的星体，它也有一个行星的典型特征：大气。事实上，"泰坦"大气的厚度是地球大气厚度的 2.5 倍。当"旅行者"号飞过"泰坦"时，科学家们希望能看到它的深藏不露的奇异外貌，但他们所能看见的只是隐藏在一层毫无特色的橙色雾里的球。有丰富的甲烷（就是我们通常所知的天然气），"泰坦"的大气受太阳光推动，制造碳氢化合物的烟雾。一些科学家推测再过几年有机化合物的雾会通过大气渗透下去，并在"泰坦"的地面聚积形成橙色的泥状堆积物。其他人则假设乙烷云会降落到液态甲烷形成的海或者湖。

最近，天文学家已经用哈勃空间望远镜来透过"泰坦"的遮挡烟雾看内部。在特殊的红外波段，大气变得稍微有点透明，能瞥见地表了。迄今为止，明暗特征已经描绘出来了，但对于 16 亿千米远的东西，即使是"哈勃"也无法把细节处理得足够好让我们能判断出我们看见的是什么。

21 世纪早期，"卡西尼"号太空船预定将航向土星。主航空器将进入沿着巨大环的轨道。惠更斯号探测器将脱离母船，借助降落伞进入"泰坦"的神奇的大气里。然而探测器上不会携带相机（由于预算原因而减掉了），其他的仪器将会告诉我们这个不一般的卫星的更多的气候和化学组成信息。

在遥远的未来，"泰坦"会成为一个有趣的居住地。离太阳几乎有16 亿千米远，"泰坦"的温度不会很温和，一点也不让人奇怪。观测者和电脑模型假设地表温度读数大约在 −156℃。然而在过 40 亿 ~ 50 亿年前事情也许完全不一样。随着我们的太阳变老，它某一

"泰坦"是土星最大的卫星

天会变成红巨星，吞没并烧焦水星和金星、蒸发掉地球上的水。这种让地球不再适合生存的变化也许会促使"泰坦"变得"繁盛"。"泰坦"的组成在科学上是令人着迷的，因为"泰坦"是真正的有机化合物实验室，含有大量的科学家们坚信的地球生命开始出现时存在的分子。如果"泰坦"的温度能有效地上升，一些有趣的进化（先化学后生物）就可能发生。这样当我们古老的居住地不再适合居住时我们也许就能在土星轨道上找到一个新家。

最近天文学家们利用一个特殊事件来找土星周围更多的卫星。每 15 ~ 17

第六章　外太阳系——巨型行星的世界

年，地球都会指向能同时看见土星环顶部和底部的方向。然后，接下来的 15 年我们能看见环的背面。但在这两段时间之间，有一个几周的时间，环是边缘指向地球的。在那段时间里环很薄，所以会消失。随着环明显的消失，它们眩目的太阳反射光也减弱了。这就允许天文学家去找原来没发现的微小卫星。在 1995 年的夏天，天文学家利用环平面转换的时机，用"哈勃"最新的锐利的眼睛去搜索出能被证明是家族新成员的物体。未来的观测等待我们确定这些。

天 王 星

1781 年，天文学家威廉·赫歇尔在他的望远镜里发现了天王星。跟恒星不一样，天王星有一个小的圆盘，赫歇尔起初以为他发现的是彗星。然而经过仔细记录它位置的变化，赫歇尔能绘出天王星的轨道，并且发现它不是依循彗星的长椭圆路径而是行星的近圆路径——根据这个，天王星成为继土星后又一个行星。

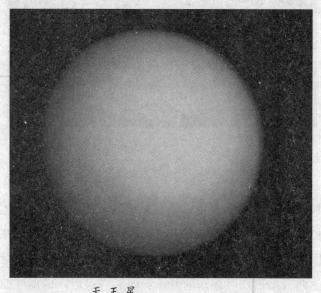

天王星

在良好的情况下，你可以用裸眼看见天王星。在最亮时，天王星的亮度实际上在干净、黑暗、无月的晚上足够被裸眼看见。毫无疑问，好几个世纪以来，很多的人都看到过，但他们没有能成功地注意到这个行星在众多恒星间一晚接着一晚的缓慢运动，所以也就没意识到它是行星。

赫歇尔，第一个正式发现一颗行星的人，觉得他应该有权利给行星命名。如果坚持他的做法，行星（由内向外）就会是"墨丘利"（水星）、"维纳斯"（金星）、地球、"玛尔斯"（火星）、"朱庇特"（木星）、"萨杜恩"（土星）和"乔治"（天王星）。虽然是在德国出生的，但赫歇尔发现天王星时是在英国生活，并且，作为王的忠诚的子民，

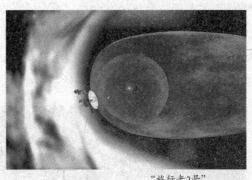

"旅行者2号"

他认为把他的发现根据当时最近的君王——乔治三世一命名为"乔治王之星"是一个英明的决定。在赫歇尔的努力下，他试图成功地让这个几年前丢掉美洲殖民地的人获得了一个完整的新行星（虽然不能否认那是一个很难收税的地方）。其他

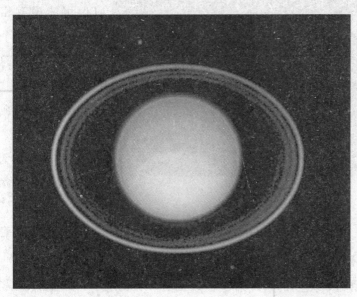

天王星

的天文学家（特别是法国天文学家）不知何故反对英格兰国王得到这个行星，

所以，最终这个新地方被命名为"优利纳斯"，即罗马神话里"萨杜恩"的父亲。

即使在地球上最大的天文望远镜里，天王星看上去就跟一个蓝色的小点一样。其实不是这个行星真的小（实际上它的直径大约是地球的4倍），只是因为在29亿千米的平均距离下，任何东西看上去都很小。当"旅行者2号"1986年靠近天王星时，科学家们希望能看见细节。但是虽然天王星在"旅行者2号"的相机里变大了，它仍然是一个毫无特色的圆盘。

天王星的环

在离天王星最近的时候，"旅行者2号"终于能看见类似于地球上的雷暴的复杂的巨大云状物体的顶部（但可能没有雷和闪电）。每一个都差不多有美国这么大。近几年，"哈勃"有时观察到了类似结构的云，但更多的时候，天王星在视觉仍是很平静的。土星的云上有高空雾层的存在给了它一个比木星更平静的外貌。然而在天王星的情况下，情况更极端。事实上，除了薄雾外，太阳的紫外射线在天王星云上创造了一层厚的乙烷雾，通过这个我们看不见什么细节。

虽然地球转动轴的倾角有23.5度，但天王星的轴是令人难以置信的超过了97.9度。这意味着这颗行星的轴几乎是躺在轨道平面上的。结果，天王星绕太阳运动时就是侧对着太阳的。许多天文学家猜测天王星奇特的倾斜性是大质量物体在太阳系早期碰撞的结果——把天王星撞得"躺"下了的碰撞。

天王星的轴倾斜97.9度导致每42年指向太阳的磁极会交换。换句话来说，在天王星两个磁极附近的地方，极夜和极昼会分别持续42年。同样的，夏季和冬季会持续等长的时间。然而，由于大气循环的急转，冬天比夏天要稍微暖和一点，虽然两个季节在云顶层温度都是很少超过 –101℃的。

像木星和土星一样，天王星是另一个被由氢和氦组成的云所包围的世界。然而，它的大气也有微量的甲烷气体。甲烷吸收红、橙、黄光同时散射蓝光到我们眼里，因此让这个行星显现出蓝色。

1977年，天文学家正在观测天王星，等它从一个遥远的恒星前通过。在这个过程中当恒星被天王星挡住后它的光会变暗，科学家可以趁机推断出一些关于天王星外部大气的结构的结论。然而，在行星和恒星成一条直线之前，恒星的光

天王星表面

闪耀了几次。天文学家们恰当地推断出这个现象是因为围绕在行星附近的很薄很暗的环状系统引起的恒星光的"蚀"。这个过程就像期望的一样在恒星通过行星后面时又重复了一次。从闪耀的次数和持续时间来看，天文学家估计天王星被9个很薄的环围绕。

1986年，达到我们才第一次真正地看见了天王星的环。"旅行者2号"接近到足够距离去高清晰地绘出天王星的环。为了能这个目的而特别制定的

第六章 外太阳系——巨型行星的世界

计划下，科学家们仔细地决定"旅行者2号"的位置，让它能看见另一颗恒星从天王星环后面掠过。"旅行者2号"的照相机确定了蜘蛛网般的很薄的环，并且增加了地球上没发现的特别模糊的第十号环。"旅行者2号"同时也证实了一个很好的关于为什么这些环在地球上从没被真正观测到过的假设。不仅仅是因为它们很薄，而且它们全跟木炭一样黑。一个可能的假设解释说这些组成环的粒子也许涂上了一层当太阳光照射时就会变暗的甲烷冰外衣。跟木星和土星的环一样，天王星的环被束缚在行星的赤道面上，所以它们跟天王星一样，以一边绕着太阳旋转。

运行中的天王星

天王星有一个我们已经知道怎么摇摆的磁场。地球、木星和土星，它们的磁极非常接近行星的转动轴。但是天王星给我们证明了不是所有都是这样的。天王星的磁极与它的转动轴有59度的夹角，只要天王星转动下去，我们就能重复看到2个磁极。

像木星和土星，天王星上不同纬度的地方旋转速度不一样，所以仅仅是一天有多长就决定于你在哪里。但天王星是完全没有特色，以至于科学家们经常用磁极的转动速度当它的转动速度。实际上这也从一个方面说明了这个行星的核转动得有多快，磁极也被这熔融的铁芯所束缚。然而我们不能直接看见内部的核，"旅行者2

号"上叫磁力计的仪器能感应出天王星的磁场并绘出磁场图。

1787～1948年，天王星5个最大的卫星在地球上被发现了。1986年，"旅行者2号"在这个行星的飞越点上发现了10多个以113千米到不足32千米的距离排列的卫星。

在太阳系所有的卫星之中，天王星的"米兰达"是最大的无主珍宝。然而"米兰达"直径仅仅大约480千米，在这个微小的地方的边界到处是悬崖、绝壁、峡谷和只能被描述为混乱的地形。科学家们相信在早期"米兰达"至少被一个质量大到可以把它撞成碎片的物体撞过一次。在碎片间的引力作用下它们有重新合在一起了，但不是依照它们原来的排列，因此产生了一个类似于三维七巧板的卫星。

"米兰达"的冰的悬崖不仅是地质奇迹，几乎没有地质特征能与"米兰达"上的垂直冰的悬崖相匹敌，其中最高的一个，维罗纳·鲁比，高14.5千米，并且宣称是太阳系里最峻峭的落差。如果你在山顶跨一步到太空中，你会发现这个小星球的引力是如此的小以至于你得花接近半个小时才能到达谷底。

海 王 星

在天王星发现后1个世纪里，当这个行星绕太阳运行足够远的距离后，天文学家发现它没有按他们所预计的那个轨道运行。一个叫J·C·亚当斯的刚从剑桥大学毕业的英国天文学家，计算出这颗行星不正常的行为可以解释为在天王星更远处有另外一个行星在用它

海王星

的引力牵引着天王星。亚当斯甚至算出这个未知的行星可能出现的位置，但是在英格兰没人愿意去找它。一年以后，一个叫 U·李维尔的法国天文学家独立地做了同样的计算得出了同样的结果，但是也没有一个法国天文台为他找这个行星。失望之余，李维尔把他的计算结果在 1846 年秋天带给德国柏林天文台的天文学家 J·G·加勒。加勒把他的望远镜指向那片天区，在第一晚就找到了这颗星。

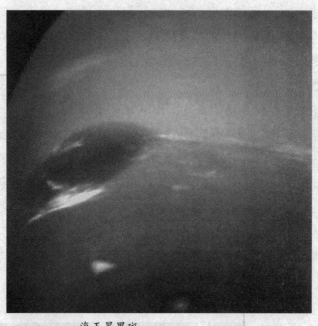

海王星黑斑

海王星是深蓝色的，所以用海神的名字命名。像天王星一样，它的大气包含了甲烷气体，这种气体吸收太阳光谱中的红光并把其他的反射到我们这里，让海王星成为了深蓝色世界。然而，与天王星不一样的是，海王星的大气不是被一层厚厚的雾挡住的，有时会显示出一种难以置信的动态排列特征。

1989 年，"旅行者 2 号"飞过了海王星并拍到了一个巨大的盯着右后方的黑蓝色"眼睛"。被称为"大黑斑"的这个东西足足有太平洋般大，并且已经确定它是一个巨大的暴风系统，在海王星顶部的云盘弄了一个很深的"井"，让我们能通过这里窥探到更下面的更暗的深蓝色云层。"旅行者"号单独成像的大黑斑的定式影像显示了它的流动性。实际上，随着时间的流逝，它也会改变形状，时而长时而短，时而圆时而扁，总之，看上去像一条"巨

探索太阳系

大的蝌蚪"。

　　除了大黑斑，"旅行者 2 号"也发现了一个被科学家们称为"小黑斑"的一个比较小的黑斑。更进一步地受海王星大气上白色的云一直聚集在这深蓝色"井"中间的启发，科学家们给这个现象取了一个"巫师之眼"的绰号。由甲烷冰晶体构成的白色的云，跟地球大气上部的卷云（就是所谓的马尾云）很相似。另一个突出的白色云因为它绕着海王星跑得比其他的云都快，被取了"海王星风暴"的绰号。"旅行者号"拍到了投影在深蓝色云层顶部的白色条纹。它们是可以从纽约延伸到巴黎的由甲烷冰晶体构成的巨大云层。

　　木星上的急流速度在 480 千米/时以上，在土星上的则超过了 1600 千米/时，然而海王星的喷流最高速达到了令人惊骇的 2250 千米/时——太阳系里最快的风。如果地球上有这么强的急流，它会在仅仅 2 个小时内横扫美国。

　　1994 年，维修过的"哈勃"提供了自从 1989 年"旅行者 2 号"飞过海王星以后的第一张海王星的特写图案。这幅图显示了很多戏剧性的变化，包括海王星北半球完全消失的大黑斑和南半球突然出

马尾云

现的一个同等大小的黑暗风暴！一同消失的还有"巫师之眼"和海王星风暴。"哈勃"所得到的更多的最近的照片暗示海王星不知为什么可以在几周这么短

的时间里经受如此猛烈的变化。但是最新的图片显示海王星在变得更安静更温和。"哈勃"1995～1996年的照片显示所有的大的小的暗斑全消失了，海王星大气里只有那些很亮的云还在。

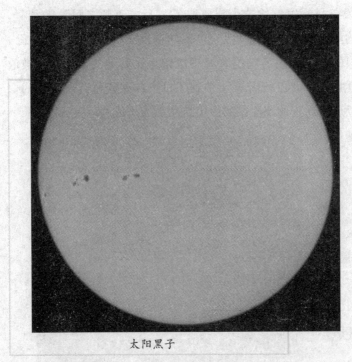

太阳黑子

当 1989 年"旅行者号"到达海王星发现非常活跃、有好几个黑暗风暴的大气层时，太阳正处于太阳黑子周期的极大年。到90年代中期，海王星的大气已经没有风暴时，太阳黑子周期也正处于极小年。这之间有联系吗？接下来这几年"哈勃"更多的观测会告诉我们答案的。

从1612年12月开始，在伽利略的笔记本里有一幅木星和它4个最大的卫星的素描图。同样包括了一个他认为是恒星的物体。如果他更仔细地观测一下，他会发现这个物体每晚上在缓慢移动进而意识到这是一个行星。如果这一切发生了，这个太阳系第八号行星就会在第七号行星之前被发现了。

在海王星和它的卫星所处的离太阳48亿千米的没有太阳温暖刺激的地方，科学家们几乎不期望能找到有活动迹象的地方。然而，海王星和它最大的卫星"特赖登"没有让科学家们失望。""旅行者"2号"和"特赖登"相遇后，喷射推进实验室的地质学家 Larry Sodelblum 在记者招待会上以"太阳系尽头是多么遥远啊！"作为开场白。这个直径2700千米的粉红和灰白的世界有变化多样的地形。在几处有宽480千米的的交叉过陨石坑地形的冰封谷，并且整个半球看上去是被一种像哈密瓜外皮一样的地形所覆盖。它的形成原因仍然困惑着科学家们。

在"特赖登"背面半球上，有一个很大的几十千米长的暗条纹群。在一些条纹内部的运动被看见以前，这些奇怪的特征一直令科学家们困惑。"旅行者2号"发现了大量的喷出氮烟雾的活动喷泉。这些烟雾被风吹着形成了很长的暗条纹外貌。

在－240℃左右，"特赖登"的表面是到现在为止太阳系里最冷的地方。表面覆盖着冰的地表也反射90％多的照射到这上面的微弱太阳光，使"特赖登"成了太阳系里最亮的地方。

当"旅行者2号"最初于1977年从地球发射时，它的主要目标是木星和土星。科学家们知道可以利用非常难得的行星相对位置的机会把"旅行者"号送到天王星和海王星那里去，但他们不相信用60年代末的技术在70年代初建造的太空船到了这些行星附近时还可以工作。然而，到1986

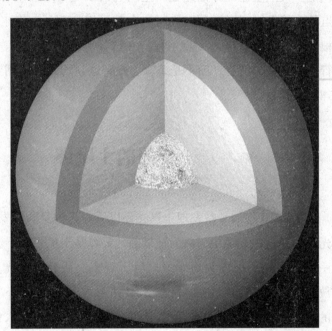

天王星的内部结构剖面图

年为止，当它到海王星时，"旅行者"号工作状态仍然良好。然而，在"旅行者"号从天王星传回有用的信息以前，有一个需要解决的问题：由于离太阳

第六章 外太阳系——巨型行星的世界

太遥远，在海王星上的光强仅仅是地球的 0.025 倍。为了得到效果较好的照片，必须进行长时间曝光，照相机必须要在太空船运动时对行星进行跟踪。

当"旅行者"号离开地球时，它仅仅带了刚好够它这漫长旅行的燃料。但科学家们利用 170 年以上才会出现一次的巨行星罕见的位置排列和重力援助技术。重力援助是在太空船以恰当的距离和角度经过行星时起作用的，让太空船改变航线，到通往下一颗行星的航向上。

"旅行者"号经过木星时恰好以一个特殊的航向，可以让这颗巨行星的引力改变它的轨道，把它送上当它到土星轨道时正好遇到土星的轨道。轮到土星时，土星也扮演同样的角色，把它送到 5 年后几十亿千米远与天王星相遇的航道。天王星也同样如此让太空船和海王星相遇。所有这一切仅仅需要一点点的火箭助推来微微调整飞行方向就可以实现了。在电脑精确导航的情况下根本不需要发动机来进行调整。在这样精确的设计下，天文学家看见了 4 颗行星和更多的卫星，而不是 2 颗。做到这一切的技术相当于在 35 千米长的台球桌上打台球。

美丽的土星环

自从 1610 年伽利略发现土星光环以后，人们又陆续发现了其他一些行星的光环。在这些光环中，最为神奇的，要算是土星光环了。

从土星光环被伽利略发现之后，观察、研究土星光环的工作就一直没有放松过。1675 年，法国科学家卡西尼发现土星光环之间有一圈又细又暗的缝隙，人们将其命名为"卡西尼环缝"。最初，人们只发现了土星的 3 个同心光环，即 A 环、B 环和 C 环，又称外环、中环和内环，卡西尼环缝就在 A 环和 B 环之间。后来又发现了 D 环和 E 环。之后，新的发现层出不穷，在 B 环和 C 环之间，发现了法兰西环缝和 A 环之间，发现了恩克环缝。1979 年，"先驱者 11 号"宇宙探测器又发现了 F 环和 G 环。F 环与 A 环之间的空隙，被命名为"先驱者环缝"。这样，土星的光环就增加到了 7 个。

可是在 1980 年 11 月 12 日，当人们看到""旅行者"1 号"宇宙探测器发回的土星照片时，照片上的土星光环让人们大吃一惊，它远比人们在地球上观察到的要复杂得多。人们用望远镜看到的那几条大光环，原来是由数以百计的小光环组成的，小光环里还有更小的光环。就连在卡西尼环缝里，竟然也发现了 20 多条地球上看不到的光环。发现不到 1 年的 F 环，原来也是由

F-1 和 F-2 两条光环组成的，奇怪的是，这两条光环像发辫一样由几股细环扭结在一起。光环的形状还有螺旋形的、轮辐状的。环的大小相差极为悬殊，最小的连环与环之间的界线都分不清。人们还发现土星的光环是由

美丽的土星环

细小的冰粒或带冰壳的岩石颗粒组成的，它围绕着土星旋转。

""旅行者"1 号"宇宙探测器还发现了 3 颗新的土星卫星，这样，土星的卫星就有 15 颗了。有趣的是，在 F 光环的里侧和外侧各有 1 颗土星的卫星，一个是土卫 14，一个是土卫 15，它们像牧羊人保护羊群一样，把 F 光环夹在中间，有人便给这两颗卫星取了个动听的名字——"牧羊人卫星"。

寻找土星光环的工作并未就此停止，1983 年，美国天文学家明克预言，在离土星 85 万 ~ 115 万千米的地方可能还有光环。事隔 1 年左右，印度天文学家按图索骥，果然在这里找到了一些土星的外环。

木星和它的卫星

木星号称"行星之王",是太阳系所有行星中最大的一颗,也是除金星之外天空中最亮的行星。它的直径约有 14.3 万千米,是地球的 11 倍之多。地球只拥有月球一颗卫星。修理木睡却拥有木卫一、木卫二、木卫三和木卫四四颗卫星。其中,木卫一和木卫二最具特色。

木卫一上的火山

木卫一是 400 年前由伽利略最先发现的。木卫一表面的火山很活跃,是太阳系内火山运动最剧烈的星体之一。有科学家认为这是木卫一距离木星最近,因此同木星之间发生的交互作用也最强的缘故。木卫一上火山喷发时的温度高达 1600 多℃,而地球上火山喷发的最高温度也不会超过 1000℃。对这种差异,科学家们至今没能做出合理解释。

木卫一上的火山

木卫二上的冰川

令科学家们困惑的是：与木卫一上火山剧烈喷发的情景形成鲜明对照的是．木卫二上冰川堆积，寒冷寂静。木卫二的地势非常平坦，最高的丘陵才50米。它的表面覆盖着一层晶莹剔透的冰盖。科学家经研究推测，木卫二有一个带冰壳的固体核心，而且在冰壳和核心之间，可能有一层液态水。正是这种构造，形成了木卫二上平坦的冰川地形。

木星大红斑与土星的光环的奥秘

1975年，美国所发射的木星探测器拍摄到了木星外形的彩色照片。人们从照片上发现，木星表面有一个色泽鲜艳的大红色斑，处于木星的南半球。这个大红斑的位置并不是固定不变的，而是在不断地移动。它的南北宽度经常保持在1.4万千米，东西方向上的长度在不同时期有所变化，最长时达4万千米左右，一般长度在2000～3000千米。

大红斑是由什么构成的

这个色彩鲜艳的大红斑立刻引起了科学家们的兴趣。它到底是由什么构成的呢？科学家们早已知道木星周围有一层很厚的大气，由氧、氦、甲烷等物质构成。但是从木星探测器所发回的资料来推测，木星的内部温度很高，从中散发出来的热量为从太阳光中吸收的热量的2.5倍。所以有的科学家就据此推测，大红斑可能就是木星内部温度最高的部分呈柱状的漩涡不断朝外喷射的地方。大红斑喷出之后。柱状漩涡与大气中的甲烷等物质产生化合作用，从而形成了橘红色的物质团——大红斑。

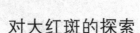
对大红斑的探索

大红斑位于南半球，正好在木星赤道的下方。它大得可以轻松地装下整个地球。当科学家认识到木星表面不是固态而是由液化压缩气体组成时，原来认为大红斑是山峰或高原的想法便受到了怀疑。探测表明，大红斑的形状没有太大变化，一般呈椭圆形，就像木星上长着的一只眼睛。但大红斑的颜色却常有变化，有时鲜红鲜红的，有时又略带棕色或淡玫瑰色。

木星上的大红斑

土星的光环

土星是一个巨型气体行星，是太阳系中的第二大行星。土星直径11.93万千米，表面是液态氢和氦的海洋，上方同地球一样覆盖着厚厚的云层。土星美丽，是因为它拥有漂亮的光环。虽然天王星和木星也有光环，但都比不上土星的光环那样美丽壮观。

美丽的光环

土星的光环柔和、美丽，看起来就像土星的"草帽沿"，位于土星的赤道面上。2004 年，美国"卡西尼"号探测器穿越土星时，用其自身携带的紫外线光谱成像仪第一次拍下美轮美奂的土星光环。科学家在分析"卡西尼"号探测器发回的土星光环照片后发现，土星的内侧光环夹杂着大量石块和灰尘物质；外侧光环则呈绿松石色，主要由冰晶构成。根据现有的资料，科学家们认

土星上美丽的光环

为：数百万年前，土星卫星与彗星相撞，相撞产生的碎片被土星引力拉入土星轨道，从而形成了土星光环。科学家根据光环发现的顺序以英文字母 A 到 G 为光环作了命名。

光环的奥秘

尽管从地球上看，土星的光环是连续的，但实际上这些光环是由无数个微小物体构成的。这些物体大小不一，有的 1 厘米左右，有的几米，还有一些直径为几千米。它们都有各自独立的运行轨道。土星的光环特别薄，尽管它们的直径有 25 万千米甚至更大，但最多只有 15 千米厚。光环的倾角度每

第六章　外太阳系——巨型行星的世界

年不同，当光环的平面面向地球时，无论使用多大倍数的望远镜，从地球上都是看不到的。这种情况在土星公转一周里发生 2 次，而土星公转的周期是 29.46 年，因此从地球上看，每隔 15 年，土星的美丽光环就会消失一段时间。

土星的卫星

土星除了光环之外，还拥有一些卫星，截至 2005 年 5 月共发现了 46 颗。1656 年，在发现土星光环的同一年，人类第一次观测到了土星的一颗卫星。2 个世纪以后，这颗卫星才被命名为"泰坦"，这就是著名的土卫六。除土卫六外，土卫家族中较有"个性"的就是土卫八了。

"穿棉袄"的土卫六

土卫六

土卫六是太阳系的第二大卫星，体积比水星和冥王星都大。可是我们却无法看到它的表面，因为它被一个非常厚的不透明的大气层包围着，就像是穿了一件大棉袄，在可见光下根本看不到它的表面。于是，科学家们不得不通过"哈勃"太空望远镜的红外线观测设备，来观测它的地表特征。土卫六的大气层非常值得关注，其大气的主要成分是氮，和地球上生命诞生初期的大气成分很相似。它的地表气压大于 1.5 个地球大气压，而且地表可能会存在很厚的烟雾。

土卫八的"阴阳脸"

早在 1671 年，土星的第八颗卫星就已经被人们发现，当时人们注意到它有一个特别之处——西边要比东边亮 2 个星等。今天人们通过观测发现，土卫八较亮的部分覆盖着大面积的冰层，较暗的一面则被一种类似陨石的碳化物所覆盖。有学者经过研究认为，大约在 1 亿年前的某个时刻，一颗彗星撞击了土卫八的东半球，冰层汽化散失了，但在以后的 100 万年里，粉碎的彗核尘埃物质回聚到东半球上，因此形成了现在的模样。

土卫八

冥 王 星

19 世纪 40 年代中期，天王星奇怪的偏离正常轨道的行为导致了海王星的发现。然而到了 20 世纪早期，天文学家们测量出海王星的轨道也偏离了正常轨道，所以大家自然就假设在海王星外还有一个行星。经过长时间系统地寻找，小小的冥王星被美国亚利桑那州弗拉格斯塔夫市的罗尼尔观察站的天文学家 Clyde Tombaugh 找到。起初，Tombaugh 简单的把它叫做 X 行星。全世界的人们给它提了很多正式的名称，但国际天文联合会最后把它正式定为"普路托"（冥王星）。"普路托"事实上是英格兰的一个小女孩起的，不是来自米老鼠里那只狗的名字。但因为"普路托"是希腊神话里地狱的神，因此看上去很适合作在如此遥远如此黑暗的地方的行星的名字。

冥王星

半径仅仅略多于 2250 千米（比纽约到丹佛的距离还要短），冥王星成为太阳系里最小的行星。事实上，冥王星比月球、伊娥、欧罗巴、盖尼米得、卡利斯托、泰坦和特赖登这 7 颗卫星还要小。到现在为止，"哈勃"只给了我们很少的关于冥王星的细节。冥王星实在是太远太小了，以至于在地球上最大的望远镜里看上去跟一个斑点差不多。在我们地球纷乱的大气层外的"哈勃"最近能分辨出冥王星地表的一些细节。在这里，地表上最大的特征也被描述为明暗的光斑。它们真正的地质特点要等某一天太空船去观测。

在 1989 年"特赖登"的大量数据开始从"旅行者"号传回来时，科学家很快注意到了"特赖登"和冥王星之间的一些基本的相似之处。"特赖登"直径大约 2730 千米，同时冥王星半径是 2250 千米多一点。它们的密度也十分接近（都是水的 2 倍）。另外，这两个天体大部分的轨道上离太阳的平均距离差不多。所有的这些导致的结论是如果有一天我们我们发射一个太空船到冥王星去，我们会发现一个跟"特赖登"差不多的天体。讽刺的是，当"旅行者"号和"特赖登"相遇后，科学家们多多少少开始认识到冥王星的不同。现在"特赖登"已经证明它自己有迷人的，多种多样的地形和活跃的地质与气候。冥王星也开始被很多人认为是潜在的更有趣的地方。几个发射小型太空船到冥王星去的计划已经提到议事日程上了。在21世纪前20年里，我们也许可以与这个遥远的天体作第一次亲密接触。

如果你叫70年代入学的人一次说出全部行星的名字，他们很可能会说："水星、金星、地球、火星、木星、土星、天王星、海王星和冥王星"。然而，这个答案彻彻底底是错的。还有一种情况。冥王星的轨道

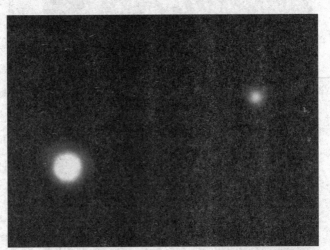

冥王星不像人认为的那样大和那样亮

是十分扁的椭圆以至于这颗小卫星会周期性的比海王星离太阳还近。从1977年开始，冥王星已经比海王星更接近于太阳了，直到1999年海王星再次处于第二远的地位。所以在1999年，小记忆术"My Very Educate Mother Just Send Us Nine Pizzas"将再次帮助你以正确的顺序记住九大行星（现冥王星已不在列入太阳系行星行列，故太阳系现有八大行星）的名字。（然而应该注意的一点是，海王星和冥王星的轨道并不交叉。因此，说近期它们会相碰是不可能的）

冥王星既不像原来认为的那样大，也不像原来认为的那样亮。70年代以前印刷的天文教科书都把水星列为最小的行星。但这是建立在对冥王星不正

确的假设上的。天文学家假设冥王星没有卫星，所以把来自天空中那个斑点的所有光线都认为是来自冥王星的。然而在 1978 年，一颗围绕着冥王星旋转的卫星被发现了。科学家们意识到以往部分归于冥王星的光线和体积现在必须轨道它的卫星身上。冥王星"普路托"是以地狱的神来命名的，所以它的卫星当然就命名为"卡戎"——把死去的灵魂摆渡过冥河的艄公。

探索太阳系

宇宙探测器遥拍冥王星

冥王星和"卡戎"看上去更像小型的双行星系统而不是一个行星和它的卫星。直径分别为 2300 千米和 1200 千米，冥王星和"卡戎"在体积上比太阳系里其他行星和它们的卫星都接近。此外，它们间的距离只有 1.93 万千米，使它们看上去向一个由一个无形的轴连接着在太空里翻滚的小杠铃。

在发现冥王星后不久，一些科学家们提出疑问说冥王星的质量太小了，不足以解释天王星和海王星所有的轨道偏移。他们猜测冥王星外还有一颗第十行星。既然九号行星现在有了名字，在第十颗行星就应该被称为 X 行星，并开始搜索。几十年间，世界各地的天文学家们仔细的搜索了天空来找这个难以捉摸的物体，但都失败了。最终，在 1992 年他们知道原因了。加利福利亚喷射推动实验室的一个科学家复查了一下旧的天王星和海王星的资料，发现它们没有被正确分析。修正这个错误后，他发现天王星、海王星和冥王星的存在恰好解释外层行星的轨道偏移。再也没有人有好的理由去找第十号行星了，因为它根本就没存在过。

然而，一些科学家仍然相信在冥王星外有被冰覆盖的物体。那些物体直径不是几十就是上百千米，就像冥王星和"卡戎"一样。你可以叫它们小行星、"冰侏儒"或者其他的更带有口头语言的名字。如果它们存在，冥王星也许某一天会被看作这些太阳系里的流浪者里的最大和最近的一个而已。1996年，一个被命名为1996TL66的这样的物体被发现了。它的直径480千米。更多的发现很可能接踵而来。

太阳系外的世界

什么是恒星？恒星是依靠自身内部核反应产生的能量维持生命的气体天体。

太阳系外的美丽景观

与太阳白天在天空中运行一样，恒星在夜晚穿过天空。每天太阳看上去东升西落，当然这只是现象，这实际上是地球自转造成的。当然夜晚恒星也表现为如此的运动。这种感觉就像是在一个巨大的旋转木马上，你感觉自己没有动，而是周围的东西在绕着你转。这种假象，使许多古人相信地球是不动的，这个宇宙都围绕着地球运动。

在夜晚恒星的视运动似乎比白天太阳的运动显得复杂。在晴朗的夜晚到户外找一颗在东方地平线附近的星。过 1 个小时左右你再出去看看它，那颗星已经升高了（就像早晨太阳从东方升起）。而在这 1 个小时里，西边的星也会落得更低了，南方的星也是从左到右穿越天际。这种独立的恒星的运动就是由地球自转造成的恒星视运动。因为地球绕过北极星附近一点的轴自转的，所以天空中所有的恒星看起来都是绕北极星转的。

你只需要一台 35 毫米相机和一个三脚架就可以拍到恒星的周日视运动。你只要把相机对着天空的任何方向，但为了得到最好效果，请指向北极星。用便宜的敏感胶卷（ASA 或 ISO 200 就可以），挑一个晴朗无云，风也不大的夜晚。把相机固定结实，光圈调大，镜头调到最大，把快门设为"定时"，然后曝光 1 ~ 2 小时。洗出来后，你会看到照片上每颗星有一条曲线的痕迹。每条轨迹都是地球自转时恒星在天空中扫过的轨迹。如果你把相

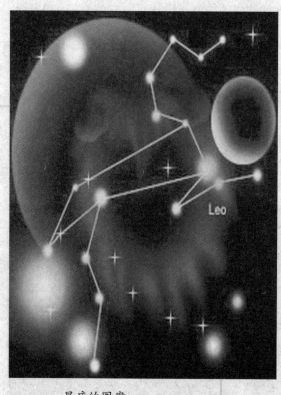

星座的图案

机指向南方或东方、西方的地平线你同样可拍到恒星是运动的照片。如果你使用的是彩色照片，你还能拍到亮星的不同颜色。

晚上用肉眼你能看到多少恒星？要看你观测地的天空的晴朗和黑暗的程度。在纽约或东京的市区，你能看到几十颗星就是很幸运的了；但是在乡村

探索太阳系

晴朗无云的夜晚，视力好的人凭肉眼就可以看到3000多颗星。

从新石器时代，人们就试图破解天上秩序的本质了。第一眼看去，漫天星斗乱作一团，都慌里慌张地在天空中穿越。你的第一反应很可能是想知道天文学家如何找到星星各自的路，并把一切搞懂的。再看看，情况并非那么糟糕。你的眼睛和思想已经配合在一起，下意识地在星之间连成图案，结果就是做了一个简单的"连点成图"的智力游戏。在有文字记载以前人们就开始这么做了。今天我们根据这些图案或者说是星的分组划分了星座（constellations，来源于拉丁语的"cum"和"stella"意思分别是"在一起"和"恒星"）。

对许多早期居民，星座的图案都有特别的意义。祖先们很快就注意到恒星在天空中不断运动，而且同一星座在天上的位置在每年同一时刻是不变的。因此星空成了最早的时钟和日历。它告诉可以识别星座的人何时可以播种、何时可以收获以及何时可以捕获迁徙的动物。

黄道星座

可以不夸张地说，对我们的祖先来说天象知识关乎生死。

在一些文明里，具有天文知识就意味着拥有力量。古埃及的大部分经济都依赖尼罗河每年一次的大水，以及大水退去后留下的肥沃土壤。每年，埃及的预言家们回去拜访法老，并准确地预言如此重要的洪水何时会发生。他

们似乎享有神灵们妻子传达的神谕。事实上，他们不过是一些细心的天象观测者。他们注意到了天狼星正好在日出前升起那天后，尼罗河的洪水就快到了。所以他们每天严密监视拂晓前的天空。如此一来，他们使人们相信他们据有掌握国家命脉乃至超越法老的魔力。

现代天文学家们把天空划分成 88 个星座。现在全天被分为 88 区域，叫做星座。很多人把星座画成以星为端点的短线组成的图案（而不是连点的图）。对天文学家而言，星座更像是国家的疆界。就好像美国分成 48 个州，任何一个城镇都可以用它所在的州描述。所以全天分为 88 星座，任何一颗星都可以用它所在的星座描述。星座本身并不包含科学知识，它们只是人为强制画出的边界。如果一个天文学家谈到他的研究对象属于某个星座，其他天文学家就可以从中获得正在谈论的天区的大概情况。

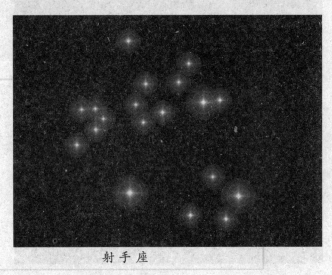

射手座

星座的名字并不是通常想象到的东西。当让一个人说出个星座名称时，大勺子可能是他的首选。说出来可能会使许多人大吃一惊，不过在 88 星座中确实没有大勺子，也没有小勺子。它们都是某个星座的一部分，"大勺子"是大熊星座的一部分，而"小勺子"是小熊星座的一部分，没有勺子单独构成的星座。这些在天空中已被识别的形状叫做星群。在中国古代，天空不是划分为 88 星座的，而是分为 300 多个星群。有些是小组恒星，而有些是 1 对或单独的 1 颗亮星。

黄道星座是其中比较著名的一组星座了。在西方传统中，黄道星座是环绕天球一整圈的一组共 12 个星座。黄道十二星座包括：双鱼座、白羊座、金牛座、双子座、巨蟹座、狮子座、室女座、天秤座、天蝎座、射手座、摩羯座和宝瓶座。英语中 Zodiac（黄道）一词来自希腊语，意思是"动物的带"。黄道十二星座中大部分为动物，但双子、室女、天秤、宝瓶都不是动物，而射手座通常也绘成半人半兽。

狮子座

黄道十二星座对天文学家和占星学家都是很有意义的。黄道星座十分著名就是因为太阳、月球和可见的行星都在这一区域内运行。对占星学家们这个区域之所以重要，是因为他们把这些神圣的天体在某一星座的出现看作是对这一星座的影响。对于天文学家来说，这个区域提供了一个了解太阳系形状和物理性质的视角。黄道星座占据了天空中相对狭窄的一条带，这提供了许多关于太阳系

半人马座

形状的信息。它说明太阳系一定是比较扁平的。从另一个角度说，这意味着太阳系所有的行星轨道和月球的轨道都近似在一个平面内。事实上，除了冥王星其他行星的轨道平面的夹角都很小。换句话说，太阳系的形状就像是一个以太阳为中心的煎饼。这是由角动量守恒这一自然法则决定的结果。我们在观测其他恒星周围类似太阳系结构的形成过程中，也看到了类似的盘状结构。

北极星

一些星座是古代的，还有一些是现代的。一些星座如狮子座可以追溯到古埃及的法老时代。另外一些星座是 1600 年左右由两名荷兰旅行家 Pieter Keyser 和 Frederik de Houtman 命名的，这些星座主要分布在南半球。当时他们在作环球旅行，看到了在欧洲不曾见过的星空，然后创造了一系列极具想象力的动物的名字给这些星座命名。1 个多世纪后，Nicolas de Imcaille 为了纪念一些在工业革命中发明的工具，把南天一些零散的星组成了新的星座：熔炉座、唧筒座和显微镜座。当然，很早以前南半球的土著民对自己头顶的星空也有自己想象的图案，那是他们的星座。

在安第斯山脉的居民中，有些星座是暗的而不是亮的。在南美洲安第斯山脉，在一定的时间银河看上去是一条跨过头顶的明亮的带，上面交错着斑斑点点的暗的洞或条，这是宇宙中暗尘埃遮挡星光造成的。安第斯山脉的居民不仅创造了由恒星连线组成的星座图案，还特别创造了以这些黑暗区域形状想象出的暗星座。因此我们在一些地方能看到这样的"黑暗星座"：狐狸

探索太阳系

座、母鸡座。有一个叫做美洲驼的星座，它是由 1 块黑暗区域和 2 颗亮星组成的，半人马座的 α 和 β 被当作了美洲驼的两只眼睛。

有些时候相同的星组成的图形在不同人的眼中是不同的。非土著北美居民眼中的大勺子被英格兰人称为耕犁，而被中国人想象成有三匹马拉的四轮马车。在一些土著美洲部落，大勺子的斗被想象成一头熊，而勺柄被想象成在追逐猎物

北极光

的猎人们。（视力好的人可以看出勺柄中间的那颗星实际上是 2 颗星，它们在天空中看起来太近了，因此这 2 颗模糊的星被看成一个猎人带着烹调用的罐子。）在西方人眼中，天空中那条由星组成的曲线是天蝎座；而在波利尼西亚土著居民眼中，那是被 Maui 神掷到空中的大鱼钩。Maui 神就是用这个鱼钩把土壤从深海钓起，形成了太平洋上美丽的岛屿。

当被问到天空中最亮的星时，许多人会回答"北极星"。这是一个普遍的概念性错误。在亮星列表中，北极星勉强能排近前 50 名。北极星有名不是因为它出奇的亮，而是由于它在天空中独特的位置。在目前这个时期，北极星是最靠近北天极的星。北天极在地轴的北极方向，因此，随着地球自转，所有恒星看上去都缓慢地绕着北天极在转动。结果就好像所有星都在绕着北极星转动，而北极星在天空中的位置基本不变，它总是指向北方的。

北极星曾经不在北天极附近，也不会永远在那里。北极星近似地在地球自转轴所指的点。随着时间的流逝，地轴也会慢慢地摆动，就像一个旋转的

陀螺，这种运动叫做岁差。岁差变化很慢，一个周期要 26000 年。它是地轴在这 26000 年间在天空划一个很大的圈。目前地轴指向北极星，但是过去和将来，我们的北极星将不是现在这颗星，而是一颗在岁差圆上或其附近的星。在法老统治埃及时期，天龙座中的 Thuban 是当时的北极星。而到了公元 14000 年织女星将成为我们的北极星，它现在在夏季星空中在我们天顶附近，是一颗明亮的蓝白色恒星。

探索太阳系

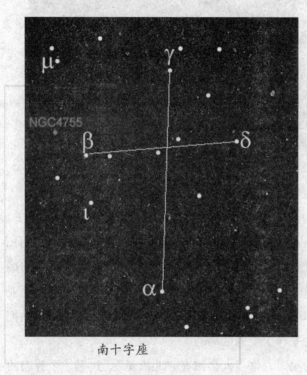

南十字座

如果北极星是在北天极的星，那么南天极的星是那一颗呢？地轴从地心到北极延长出去直行北极星附近，向南从南极延伸出去也可以指到天空中。但你到南极去不会找到南极星，因为那个天区没有亮星或半亮的星。澳大利亚和南美洲的居民可以看到南天的许多漂亮星，可是没有南极星。

在北半球，只要有北极星和你的拳头，你就可以估算出你所在地的纬度。因为地轴几乎是直到北极星上的，所以北极星的地平高度也就是大地的地理纬度。以纽约为例，大概在 41°N 北极星，也大概在北方地平线以上 41°左右。把你的一只手伸出一臂距离，握紧的拳头在你看来宽约 10°，因此就纽约而言，北极星大概在北边地平以上"4 拳"高的地方。与此相比，在迈阿密，纬度为 26°N，北极星的高度只有 26°左右，也可以说在地平以上"两拳半"的地方。在北极点纬度为 90°N，北极星就在正天顶；在赤道，北极星位于北方地平线上；而在赤道以南，北极星在地平线以下，永远看不到。

相同纬度的人能看到相同的恒星。因为北极星的高度是由观测地的纬度决定的，一次在同一纬度的人不管在世界的什么地方，在同一晚相同地方时看到的星空是相同的。因此在纽约、马德里、安卡拉和北京的人（他们大体处在同一纬度上），尽管彼此间距离很远，但一年中同一晚看到的星空是相同的。

居住在不同纬度的人在夜晚看到的星空有很大不同。举例来说，一个来自纽约的人到里约热内卢或澳大利亚度假，他就看不到大勺子和小勺子及其他一些北极星附近的星座，因为这些星座总在地平线以下。但是，像南十字座那样他不曾看到过的星座会很常见。另外一些他在纽约时看到在南方的星座会颠倒地出现在北方天空。

观测仪器

从地球观测宇宙时，会有些"廉价席"。地球上观测站的效果是不同的。以北极为例，北极星一直挂在天顶，应为所有星的视运动都是绕着北极星的，所以每颗星都在自己的高度上终年可见。简而言之，在北极的天空中，星没有升起和下落。在南极也是一样，不过在南极天空中的星与北极相比是完全不同的。换句话说，在地球的两极，我们看到的都只有半个宇宙。在南两点光测到的只是全天的一半，它们就是"廉价席"。

观测恒星最好的位置在哪里呢？观测恒星最好的位置在赤道上。因为北极星在地平线上，两个半球分别可见的星一年中都会慢慢进入视野。在赤道只要是肉眼可见的星就一定能被看到，没有星会降到地平以下。

天鹅座

想象在屋子中间放一盏灯作为太阳，你自己绕着灯转圈，就像地球的公转。某一时刻，在任一点，你的身体将一半被照亮，另一半在阴影中。这样你就模拟了地球上总是一半在白天，一半在黑夜的状态。如果在墙上画上星，灯光很亮时，你在某一时刻只能看到一半的星，应为耀眼的灯光使你看不到它所在方向的星。同样，在夜半球冬天和夏天看到的星不同，秋天和春天的也不同。结果我们在一年的不同时间看到了不同的星座，而且通常在每年同一季节看到的星座是相同的。

一些星座总在天空中。因为天空中所有恒星看上去都围绕北极星运动。所以一些星会常年出现在天空中。以纽约为例，纬度为 41°N，北极星在北方地平线以上 41°高的地方几乎不动。因此所有距北极星 41°以内的星绕北天极转永远到不了地平。它们在纽约全年可见，被称为拱极星（circumpolar，来自拉丁语，意思是"围绕着极点"）。在迈阿密 26°N，只有具北极星 26°以内的星是拱极星。推到极限，在北极所有的星都是拱极星，而在赤道没有星总在地平之上，所有的星都有升有落。

天空中许多亮星实际上都有独特的名字。这些名字有许多来自 1000 年前的阿拉伯，当时阿拉伯天文学家为天文学做出了巨大贡献，制出了当时最精致的星图。一些阿拉伯语的名字就被我们原封不动的沿用下来了，其他的经过几个世纪时间的洗礼也融入西方文化了。这两种情况都使得许

多亮星的名字很奇怪甚至可以听出是外来语。例如，Deneb（天鹅座α）

阿拉伯语的意思是
"尾巴或尾巴上的
羽毛"，它标出了
天鹅身体结构的一
部分。双鱼座有一
颗星叫 Alrischa，
在阿拉伯语中是
"绳结"的意思，
这指的是星空中把
两条鱼拴在一起的
绳子上的结。有些
星的名字听上去还

金牛座

很有节奏感，从左到右猎户腰带上的 3 颗星都有各自动听的名字：Alni-
tak、Alnilan 和 Mintaka。

天琴座

另一个星表中就没那
么多外来词。专业和业余
的天文学家都喜欢这个更
通用的星表。规则很简单
也很有逻辑性。每个星座
里最亮的星用希腊字母表
的第一个字母 α 表示，后
面跟着是星座的拉丁文名
称的形容词形式。例如：
金牛座最亮的星 Alde-
bara，在这个星表里名称
为 αTauri（十分准确的表
达了"金牛座最亮的

第六章 外太阳系——巨型行星的世界

星")。在它边上猎户座最亮的星有一个听起来很有趣的名字 Betetgeuse，但它是猎户座最亮的星，所以它叫做 αOrionis。每个星座里第二亮的星用希腊字母表的第二个字母 β 表示，后面也跟着星座的拉丁文名称的形容词形式。例如，明亮的猎户左脚 Rigel 也被叫做 βOrionis（意思是"猎户座的第二颗星"）。

天琴座

很不幸，希腊字母表中只有 24 个字母，而每个星座里的星都远超过 24 颗。有时 2 颗以上星在天空中很近时，它们都用同一个希腊字母，但要加标注。因此天琴座的双星叫做 ε-1Lyrae 和 ε2Lyrae。变星用别的字母表示，通常用常用字母表示，如 RRLyrea。但是望远镜越造越大，我们看到了越来越多的恒星，目前的星表远远不够用了。有一个做法，就是在建立星表时只简单地给每颗星一个号码。一颗星可能叫做 HD213468，它是哈佛大学 Henry Draper 编译星表中的第 213468 号。另一颗星会在 Smithsonian 天体物理观测站星表中被叫做 SA0347981。实际中星表太多了，大部分星只有号码，而同一颗星在不同星表中会有不同的编号。这可能很不人性化，但却解决了很大的问题。

最近几年，少数公司和一些研究机构利用"以人名给恒星命名"赚了很多钱。许多情况是你付了很多钱，得到一张看上去很漂亮的证书和一张"你的恒星"所在天区的照片或星图。那也许是一个不错的表示，也是一个"极品礼物"，但之后天文学家会在自己的研究和学术论文中引用这个名字吗？答案是毋庸置疑否定的。一张附有你名字的纸可以被保存在瑞士银行的保险柜

中，但决不会被收录到某天文台或大学科研用的目录或出版物中。如果想把你的名字留在天上，那么走出去，发现一颗彗星吧。许多业余和专业的天文学家都成功过，如果你发现一颗彗星，专业天文学联合会真的会用你的名字命名。但要是一颗恒星，你就不能仅仅购买命名了。

当我们仰望星空时，我们会强烈感觉到星星就像是附着或是凸起在遮避我们头顶的一个球顶上的圆点。事实上在许多古代文化中就曾有这种想象，而现代天文观中那种逼真的人造星空也是用这个方法的。其实，恒星到地球的距离都不相同而是分布在一个三维的空间中的。另外，星光传到地球所用的时间是有限的，对天空中观测也意味着对第四维度的观测，也就是时间。

射电望远镜

在地球上，我们有时会看到现在的物品，而听到它过去发出的声音。如果你坐在露天看台上认真地观看棒球比赛，你会发现你听到击球手击球的声音是在你看到他击球之后的。同样地，你事先看到闪电然后听到雷声。这两种情况都是由于声音传播的速度远小于光速造成的。在室温下，声速是335米/秒，而真空中的光速是约30万千米/秒（与空气中传播的速度差不多）。这意味着你听到较远处的声音是在它发生之后的，但它一发生你就能看到它，至少在地球上如此。

我们对宇宙观测时，看到的是它过去存在的方式。比起我们在地球上看到的东西，宇宙中天体与我们的距离太远了，即使是光传到我们这里也要经过相当长的时间。因此我们看到的不同天体是它们在过去各个时刻的状态。举例说来，光从距我们大概 40 万千米的月球到地球大概要花 1.5 秒，所以，我们看到的月亮不是现在的它，而是 1.5 秒之前的月亮。在 1.5 亿千米处的太阳，我们看到的是它 8 分 20 秒前的状态。（如果太阳神秘失踪了，我们在地球上过了 8 分 20 秒才能知道。）不同行星在我们看来，是几分钟甚至几小时之前的状态，而我们看到的恒星是几年前的状态，星系是几百万乃至几十亿年前的状态。所以说，我们仰望星空时，也是在回顾历史！